오 사 카 노 포 기 행

오사카 노포 기행

2024년 3월 18일 1판 1쇄 인쇄 / 2024년 3월 27일 1판 1쇄 발행

지은이 정준 / 펴낸이 임은주
펴낸곳 도서출판 청동거울 / 출판등록 1998년 5월 14일 제2023-000034호
주소 (12284) 경기도 남양주시 다산지금로 202(현대테라타워 DIMC) B동 317호
전화 031) 560-9810 / 팩스 031) 560-9811
전자우편 treefrog2003@hanmail.net / 네이버블로그 청동거울출판사

북디자인 서강
출력 우일프린테크 | 인쇄 하정문화사 | 제책 정성문화사

ISBN 978-89-5749-235-2 (03980)

오사카

정준 지음

노포 기행

청동거울

제3부_오사카를 가꾸는 사람들

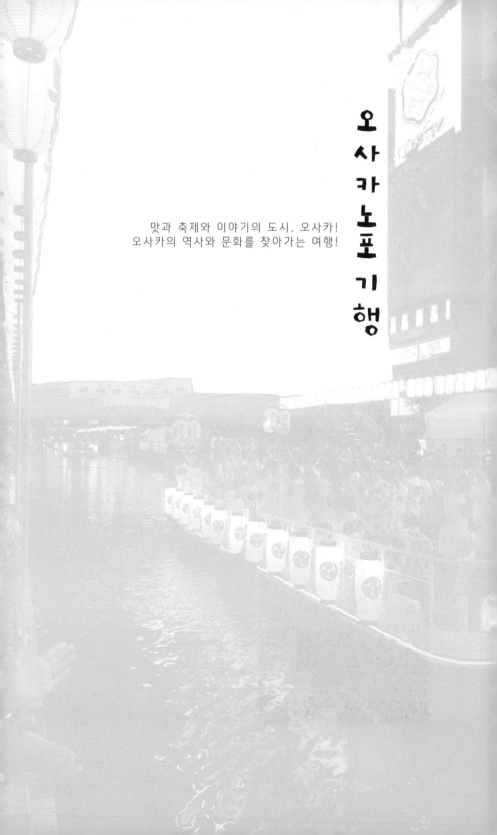

오사카 노포 기행

맛과 축제와 이야기의 도시, 오사카!
오사카의 역사와 문화를 찾아가는 여행!

프롤로그

장기간 지속된 코로나19 팬데믹과 우크라이나 전쟁과 계속되는 지진 등의 재난으로 지친 인류에게 '꿈의 섬', 유메시마(夢島)를 특급 선물로 준비하고 있는 〈2025 오사카 간사이 월드 엑스포〉의 도시!

오! 사카……

2022년 10월 11일.

전세계 관광객들의 자유로운 일본 입국을 막고 있던 관광 규제가 드디어 해제되었다.

필자는 실로 오랜만에 '식도락과 쇼핑과 관광의 도시'인 오사카의 도톤보리에서 가장 붐비는 다리인 에비스바시(일명 난바다리)의 글리코 상 앞에 섰다.

도톤보리의 유명 맛집 앞에는 여전히 세계 각국에서 온 관광객들이

오사카 제1의 명소 도톤보리 에비스바시의 글리코 상

긴 줄을 섰고, 도톤보리의 유명 포토존인 에비스바시 위에는 글리코 상처럼 한 발을 들고 두 팔을 위로 번쩍 들어 올린 관광객들이 앞다투어 사진을 찍고 있었다.

그리고 화려한 네온 사인이 보석처럼 반짝이는 도톤보리의 운하 위에는 전세계에서 오사카를 다시 찾아온 관광객들을 환영하는 화려한 선상공연이 열리고 있었다. 예전처럼 흥겨운 모습을 회복한 오사카가 전세계의 관광객들을 향해 '아리갓또 고자이마스!'를 큰 소리로 외치고 있었다.

코로나19라는 치명적인 질병과 전쟁과 재난으로 인한 인플레이션과 고금리와 불경기로 전세계가 고통받고 있는 이때. 돈키호테 같은 재기발랄한 아이디어와 혁신적인 추진력으로 가득한 오사카의 기업인들은 '인류의 건강을 증대'시키고 '경제에 새로운 활력을 주는' 두 마리 토끼를 모두 잡는 새로운 환상 선물을 준비하고 있다. 바로 2025

도톤보리 운하의 흥겨운 선상공연

년 4월 13일부터 10월 13일까지 개최되는 〈2025 오사카 간사이 월드 엑스포〉이다.

역사적으로 오사카는 위대한 '엑스포의 도시'였다.

일찌기 오사카는 '아시아 최초의 엑스포'인 〈오사카 만국 박람회〉를 1970년 3월 15일부터 9월 13일까지 6개월 동안 개최하여, 국내외에서 무려 6,422만 명의 관광객을 유치하는 폭발적인 대성공을 이루었다. 오사카시 북쪽에 위치한 반파쿠 공원에 가면, 당시의 현장을 지금도 생생히 느낄 수 있다.

그로부터 55년 만인 2025년 4월 13일부터 10월 13일까지 6개월 동안 오사카에서 다시 개최되는 〈2025 오사카 간사이 월드 엑스포〉의 장소는 오사카 서쪽 해안에 위치한 인공섬인 유메시마(꿈의 섬)이다.

엑스포는 국제적인 이벤트인 올림픽이나 월드컵과는 결을 달리하는 세계인의 축제이다. 올림픽은 기본적으로 스포츠 행사이고, 월드컵도 축구 행사이다. 그러나 엑스포는 '세계 최첨단의 경제 · 과학 · 기술 · 산업 · 문화를 모두 아우르는 혁신과 진보의 거대한 전시장'이

2025 엑스포가 열리는 유메시마

다. 문자 그대로 만국박람회이다.

파리의 에펠탑과 뉴욕의 대관람차와 쇼핑몰과 에스컬레이트 등의 인류의 생활에 지대한 영향을 끼친 수많은 발명품들이 엑스포를 통해 전세계에 알려졌다.

인류 최초의 엑스포는 산업혁명의 나라인 영국의 런던에서 1851년에 개최한 산업박람회였다. 1851년 런던 박람회에서는 '실내쇼핑몰과 테마파크의 원조'인 수정궁(크리스털 팰리스)이 지어졌고, 1887년 파리 박람회에서는 파리의 랜드마크인 높이 324m의 에펠탑이 건설되었고, 1893년 시카고 박람회에서는 '세계 최초의 대관람차'가 완공되었다.

일본은 '세계 최초로 엑스포 명칭이 공식 사용'된 1970년 오사카 엑스포(오사카 만국박람회)를 필두로, 1975년 오키나와 엑스포, 1985년의 쓰쿠바 엑스포, 그리고 2005년 아이치 엑스포까지 그동안 모두 4차례의 국제 엑스포를 개최하였다.

오사카는 '일본에서 5번째 국제 엑스포를 개최하는 도시'가 되었고,

'아시아에서 유일하게 엑스포를 2회 개최한 도시'가 되는 것이다.

전세계 관광객들에게 음식과 관광과 쇼핑의 도시로 유명했던 오사카가, 이처럼 '세계적인 엑스포의 도시'로 발전하는 원동력은 과연 어디서 나온 것일까?

그 의문을 풀기 위해, 오사카의 발전을 위해 불철주야로 활동하고 있는 '오사카의 열정 가득한 기업가'들을 만나봐야겠다고 생각했다. 그리고 그분들로부터 기업 운영에 관한 생생한 이야기를 직접 들어야겠다고 생각했다. 그래서 오사카의 남쪽의 도심인 난바에서부터 오사카의 북쪽의 도심인 우메다에 이르기까지 드넓은 오사카 곳곳을 열심히 훑고 다니면서, 50여 명의 일본인 CEO들을 한 분씩 만나서 지난 3년 동안 인터뷰를 해왔다.

인터뷰를 하면서 가장 놀란 것은, 그분들의 '오사카에 대한 애정'이 비이성적(?)으로 지극하다는 것이었다. 그분들이 필자와 인터뷰를 하면서 공통적으로 하는 말이 있었다.

"저는 오사카 사람입니다!"
"저는 오사카를 무척 사랑합니다!"
"저는 해외 각국 사람들에게 오사카를 더욱 많이 알리고 싶습니다!"

그동안 수많은 사람들과 인터뷰를 했지만, 이런 방식의 대화를 하는 사람들은 오직 오사카 사람들뿐이었다. 오사카 기업가들의 오사카에 대한 무조건적인 사랑은, 필자를 무척 감동시켰고, 또한 눈물나게 만들었다.

그들은 단순한 상인이나 기업인이 아니었다.

그들은 문자 그대로 '오사카 기업가의 혼'을 간직한 장인들이었다.

도대체 오사카에 무슨 매력이 있기에, 인터뷰하는 사람들마다 자신이 '오사카 사람'이라는 것을 이토록 자랑스러워하는 것일까?

마음속 깊이 품고 있던 이러한 의문들을 풀기 위해, 오사카 상인들의 역사와 문화에 대해 더욱 깊이 알아보고 싶었다. 오사카 대학, 오사카 상공회의소, 오사카 방송국과 NPO 사무실 등을 방문하였고, 수많은 공무원, 학자, 예술가, 종교인들도 만났다. 그리고 오사카에서 사업을 하고 있는 기업가들을 한 분씩 다시 만나서 진지한 내면의 이야기를 경청하기 시작했다.

　　50여 명의 기업가들과 인터뷰를 하는 데 3년…….

　　인터뷰한 분들 중에서 21명을 선정하고 원고를 집필하는 데 2년………. 도합 5년의 세월이 흘러갔다.

오사카 난바역 기둥에 설치한 일본 장수의 갑옷 사진

그렇게 강렬한 호기심과 뜨거운 열정을 가지고 지난 5년 동안 땀흘려 조사하고 답사하고 인터뷰한 내용들을 바탕으로 완성하고 보니 오사카를 오랜 세월 지키고 일구어온 사람들의 이야기가 되었다. 이것이 바로 〈오사카인들의 혼(魂)〉이 아닐까 싶다. 여기에 실린 노포 이야기가 오사카를 여행하거나 혹은 새로운 사업을 구상하거나 할 때 참고가 될 수도 있을 듯하다.

온갖 고난과 역경 속에서 불가능을 가능한 것으로 만든 오사카 기업인들의 불타는 투혼과 '2025 오사카 간사이 월드 엑스포'를 만들어가는 오사카 기업인들의 새로운 비전과 눈부신 희망을 독자 여러분들에게 꼭 전해드리고 싶다.

2024년 봄
오사카 기업가들의 열정이 마그마처럼 솟구치는
오사카의 중심에서…….
정준 작가

2021년 가을, 채널A의 〈오사카 노포 맛기행〉을 진행하며 참가자들과 함께

제1부

오사카의 위대한 노포들

오사카의 꼬치튀김 원조가게인 쿠시카츠 다루마

주식회사 이치몬카이의 대표이사 우에야마 카츠야

이색 캐릭터의 야외 전시장, 도톤보리

날이 갈수록 기업체의 홍보에 로고나 캐릭터의 중요성이 점점 높아 지고 있는 요즘, 스타벅스의 세이렌(그리스 로마 신화 속 바다요정)이나 KFC 할아버지처럼 신비롭거나 익살스럽거나 혹은 푸근한 이미지의 모습을 하고 있는 로고나 캐릭터들을 많이 볼 수 있다. 특히 애니메이 션 강국인 일본에서는 참으로 다양한 캐릭터들이 기업이나 가게의 홍 보에 앞장서고 있는 광경을 대단히 쉽게 볼 수 있다. 국제적인 관광도 시인 오사카에 가면, 두 눈이 휘둥그레질 정도로 이색적인 캐릭터들 이 가게 앞을 장식하고 있는 이색적인 광경을 많이 볼 수 있다.

'먹다가 죽는 도시'(食い倒れ, 쿠이다오레) 오사카에서 '맛의 성지'로 높 은 명성을 자랑하는 도톤보리(道頓堀)에 들어서면, 가게 앞을 장식하고 있는 이색 캐릭터들 때문에 두 눈이 대단히 즐겁다. 도톤보리 운하에 선 붉은색 대형 문어가 벽 전체를 차지하고 있는 이색 타코야키 전문 점이 보이고, 그 옆에는 파란색의 펭귄이 함께 도톤보리 운하 쪽을 바 라보고 있는 '돈키호테 에비스 타워(道頓堀恵比寿タワー)'가 있다. 또 도 톤보리 최고의 포토존인 에비스 다리(일명 난바다리, 難波橋) 옆에는 초대

주식회사 이치몬카이 대표이사 우에야마 카츠야

형 게가 10개의 빨간 다리를 쉬지 않고 움직이는 게 요리 전문점, 초록색 용이 황금빛 여의주를 입 안에 물고 있는 라면가게도 보인다.

그런데 '오사카 제 1의 식도락 거리'인 도톤보리 가게들의 캐릭터 중에는 일반인의 상식을 깨는 이색 캐릭터가 하나 있다. 바로 가게의 입구에 험상궂은 남성의 얼굴 캐릭터가 거대하게 세워진 쿠시카츠 다루마(串かつだるま) 식당이다.

도톤보리 쿠시카츠 다루마 가게

오사카를 대표하는 3대 먹거리인 타코야키 · 오코노미야키 · 쿠시카츠(串かつ, 고기와 해산물과 채소를 꼬치에 꽂아 기름에 튀겨낸 일본 요리) 중에서도 이 가게는 쿠시카츠 원조 가게이다.

이 식당의 캐릭터인 '다루마 상(だるまさん)'은, 인상이 험악한 마초 같은 남성이 마치 핫도그를 연상시키는 꼬치튀김을 양손에 들고 있는 모습을 하고 있다. 이 다루마 상은 도톤보리에 있는 그 어느 가게의

도톤보리 쿠시카츠 다루마 가게

유명 캐릭터들을 압도할 정도로 인상적이다. 최근에 돈키호테 에비스 타워의 맞은편에 신축한 대형 빌딩 옥상에 높이 12m의 '초대형 다루 마 상'을 새롭게 세웠다는 점에서도 남다르다.

이 가게의 캐릭터인 다루마 상은 일본의 유명 게임인 '용과 같이 5-꿈을 이루는 자'에도 등장해서 세계적으로 더욱 높은 유명세를 타고 있다.

'다루마 상'의 모델이자 '오사카의 원조 꼬치튀김 맛집'을 경영하고 있는 ㈜이치몬카이(株式会社 一門会)의 우에야마 카츠야(上山勝也) 대표와 인터뷰 일정을 잡는 것은 참으로 쉽지 않았다. 1929년에 3평짜리 조그만 가게로 출발한 쿠시카츠 다루마가 지금은 일본 국내에 15개 점포를 운영하는 중견기업으로 성장해 눈코뜰새 없이 바쁘기 때문이다. 게다가 우에야마 카츠야 대표는 도톤보리에서 '도톤보리 상인연합회 회장'을 겸임하고 있기 때문에 잠깐 틈을 내기도 여간 힘들지 않았다. 필자는 우여곡절 끝에 쿠시카츠 다루마 본점 사장실에서 우에야마 카츠야 대표를 만날 수 있었다. 본점은 오사카 시민들을 위한 대중적인 식도락거리로 유명한 신세카이(新世界) 입구에 위치해 있다.

일본 유명게임 〈용과 같이 5〉에 등장하는 쿠시카츠 다루마상

신세카이에서 최초로 탄생한 '오사카 원조 쿠시카츠 다루마'

"원래 저는 권투를 좋아했기 때문에 오사카의 나니와 고등학교 복싱부에서 열심히 운동을 했습니다. 그때 복싱부 선배인 아카이 히데카즈(赤井秀和) 씨가 저와 아주 친했습니다. 그 선배는 고등학교 졸업 후에 프로 권투 선수가 되었고, 탤런트로도 활동했습니다. 그래서 저도 그 선배처럼 유명한 프로 권투 선수로 데뷔할 날만을 꿈꾸며, 오직 권투 연습에만 전념하고 있었습니다.

그 당시 저는 아카이 히데카즈 선배네 집에서 숙식을 함께 하고 있었습니다. 그런데 선배가 쿠시카츠를 굉장히 좋아해서, 저는 선배와 함께 쿠시카츠를 자주 먹게 되었습니다. 그러던 어느 날, 쿠시카츠 식당이 문을 닫게 되었다는 슬픈 소식을 듣게 되었습니다. 그 이유를 물어보니, 식당을 운영하던 3대 대표가 급격히 시력이 나빠져 거의 실명할 위기가 되었다는 겁니다.

잘 아시다시피 쿠시카츠는 타코야끼와 오코노미야키와 함께 '오사카의 3대 먹거리'가 아닙니까? 게다가 쿠시카츠는 노동자들을 사랑하는 오사카 어머니의 따뜻한 마음과, 전국에서 신세카이로 몰려온 가난한 노동자들의 온갖 애환이 담겨 있는 역사적인 음식입니다. 이처럼 의미 깊은 쿠시카츠의 원조 음식점이 3대 만에 문을 닫고 노렌(暖簾, 일본의 가게나 건물의 출입구에 쳐놓는 발로써 특히 상점 입구에 걸어놓아 상호나 가문을 새겨 놓은 천)을 완전히 내린다는 이야기를 듣게 되자, 저는 너무나 애석하고 안타까웠습니다.

저는 권투 연습을 하면서도, 식사를 하면서도, 또 다른 일을 하면서도 이 문제가 머릿속에서 항상 떠나지 않았습니다. 쿠시카츠 원조 음식점이 문을 닫는다는 것은 단순히 음식점 하나가 사라지는 게 아니라, 오사카 음식문화의 역사가 영원히 사라지는 걸 의미한다고 생각했습니다. 그래서 저는 오사카의 음식 문화를 사랑하는 누군가가 쿠시카츠 원조 음식점을 인수하기를 간절히 바랬습니다. 그러나 그런

의식을 가진 음식점 주인은 결코 나타나지 않았고, 쿠시카츠 음식점은 문을 닫을 수밖에 없었습니다.

결국 저는 엄청난 고민 끝에 제 인생에서 가장 큰 결단을 내렸습니다. 그것은 저의 오랜 숙원이었던 권투 선수로서의 길을 포기하고, 쿠시카츠를 인수하기로 결정한 것입니다."

신세카이 지역은 일본 근현대사의 수많은 역경 속에서, 오사카 시민들이 새로운 도약의 발판을 마련하기 위해 엄청난 땀과 눈물을 흘린 역사의 현장이다. 일본의 천황이 교토에 머물던 오랜 세월 동안 오사카는 '천하의 부엌'(天下の台所)이라는 칭송을 들을 정도로, 발전을 거듭하던 '일본 제1의 부와 명성을 자랑하는 상인의 도시'였다.

그런데 천황이 도쿄(東京, 과거의 江戸(에도))의 지식인, 상공인, 언론인, 문화예술인들이 합심해서 1903년, 〈제5회 오사카 내륙권업 박람회〉를 개최했다. 박람회가 성공적으로 끝난 후, 드넓은 벌판인 신세카이 지역에 대규모 투자가 시작되었다. 신세카이 남쪽 지역은 미국 뉴욕의 유명한 휴양지인 '코니 아일랜드'를 모델로 한 상업지역으로 개발하고, 또 북쪽 지역은 '프랑스 파리'를 모델로 한 상업지역으로 개발하게 되었다.

대규모 건축공사가 갑자기 벌어지다 보니, 일본 전역에서 신세카이 일대로 수많은 노동자들이 대거 몰려 들었다. 그들은 황무지 같은 허허벌판 곳곳에 급조한 간이 숙소에서 지내며 온종일 노동을 해야 했기 때문에 항상 배가 고팠다. 그러나 경제 상황이 매우 열악한 노동자들 입장에서는 영양가 있는 음식을 골고루 먹을 수가 없었다. 이러한 노동자들의 속사정을 누구보다도 잘 알고 있는 '오사카의 인정 많은 여성이 최초로 개발한 음식'이 바로, 쿠시카츠(串カツ)이다.

그녀는 가난한 노동자들이 영양가 풍부한 음식을 골고루 먹을 수 있도록, 긴 나무꼬치에 쇠고기, 돼지고기, 닭고기, 해산물, 야채를 골고루 꽂아서 기름에 바삭하게 튀겨내는 쿠시카츠를 개발했다. 쿠시카

신세카이에 위치한 쿠시카츠 다루마 원조 가게

츠를 더욱 맛나게 하는 다양한 특제소스도 개발하고, 또 노동자들의 위장에 좋은 양배추도 쿠시카츠와 함께 먹도록 준비했다. 이렇게 오사카의 신세카이에서 최초로 만들어진 쿠시카츠는 노동자들에게 크게 사랑을 받게 되었고, 이 메뉴는 관광객들에게도 널리 알려지기 시작했다. 이처럼 신세카이의 수많은 노동자들의 입과 배를 행복하게 해 주었던 쿠시카츠는, 그후 3대까지 이어졌다.

"제가 쿠시카츠 가게를 인수하는 결정은 결코 쉽지 않았습니다. 저의 꿈은 오직 권투 선수였기 때문에, 권투 선수가 되기 위해 그동안 흘렸던 땀과 눈물의 시간을 하루 아침에 포기하기가 정말로 힘들었습니다. 그래서 저는 수많은 고뇌의 시간과 불면의 밤을 보내야 했습니다. 결국 저는 오사카 3대 음식이 된 쿠시카츠 원조 음식점의 역사를 지키는 것은, 오사카 사람의 당연한 의무라는 결론을 내리게 되었습니다."

열심히 땀을 흘리며 운동에만 전념하던 권투 선수가 돌연 '음식점을 운영하겠다'고 선언하자, 주변의 스승과 선후배들도 깜짝 놀랐다고 한다. 하지만 그는 오직 '오사카의 음식문화의 역사를 지켜야 한다'는 뜨거운 사명감 하나로, 쿠시카츠 음식점을 물려받았다.

원조 쿠시카츠 음식점의 제4대 대표가 된 그는, 제3대 대표로부터 모든 비법을 전수받았다. 또 이 가게를 더욱 발전시키기 위해 사자 같은 담대함과 코뿔소 같은 추진력을 발휘하기 시작했다.

역발상의 캐릭터로 추진한 이색 마케팅

"저는 쿠시카츠 다루마라는 브랜드를 최대한 많은 분들에게 가장 빨리 알리고 싶었습니다. 그래서 저는 미국의 치킨브랜드인 KFC에 주목했습니다. 소비자들은 멀리서도 흰색 정장에 검은 뿔테 안경과 하얀 수염을 하고 검은 넥타이를 맨 캐릭터 인형을 보면, '글로벌 프라이드 치킨 기업'인 KFC를 강렬하게 인식하죠.

KFC의 캐릭터는, 미국 캔터키의 작은 시골마을인 코빈(Corbin)에서 압력솥으로 시작한 닭튀김 사업을 세계적인 프라이드 치킨 기업으로 발전시킨 창업주인 샌더스의 모습이지 않습니까?

샌더스(Sanders)는 미국의 경제공황 시기였던 암울한 1930년에 코빈의 작은 주유소에서 닭을 튀겨 팔았죠. 그리고 1939년에는 11가지의 허브와 양념을 새롭게 조합한 비법 소스를 개발해서, 더욱 큰 인기를 끌게 됩니다. 매년 9월 마지막 주말에는 코빈마을에서 10만 명 이상이 참여하는 대규모 치킨 페스티벌이 열립니다. 치킨 페스티벌에 참가한 관광객들은 따뜻하고 바삭바삭한 치킨과 시원한 맥주를 먹으면서, KFC 박물관과 '세계에서 가장 큰 무쇠솥'을 구경한답니다. 그래서 저는 오사카의 신세카이에서 '노동자들을 위한 어머니의 따뜻한 마음'으로 만든 쿠시카츠를 국내외에 널리 알리려면, 'KFC의 캐릭터처럼 돋보이는 캐릭터를 만들어야겠다'고 생각했습니다.

그래서 제가 제4대 대표인 저를 모델로 한 캐릭터 인형을 만들어보자고 말했더니, 주변의 많은 전문가들이 캐릭터 인형의 모습을 멋지고 잘난 모습으로만 그리려고 하는 겁니다. 여러 전문가들은 저를 설득하기 위해서 미국의 캐릭터에 대한 설명을 많이 했습니다. 일단 KFC 캐릭터만 하더라도, 아주 인자하고 후덕하고 교양있게 생긴 노인의 모습이라는 것입니다. 그러나 저의 생각은 조금 달랐습니다.

저는 쿠시카츠 다루마상을 잘나고 멋지게 생긴 미남으로 미화해서 제작하면 안 된다고 생각했습니다. 왜냐하면 그건 진실이 아니기 때문입니다.

저는 권투선수였습니다. 오사카의 명물인 쿠시카츠 원조 음식점의 역사를 잇기 위해, 인생의 행로를 완전히 바꾼 복서였죠. 미국의 시인인 로버트 프로스트가 말한 것처럼 '남들이 가지 않는 길'(The Road Not Taken)을 걸어가기로 한 것입니다.

제가 한 번도 가지 않은 불안한 미지의 길을 가기로 결심한 가장 큰 이유는, 가난한 노동자들에게 영양가 많은 음식을 푸짐하게 먹이고 싶었던 오사카 어머니의 따뜻한 마음을 꼭 전하고 싶었기 때문이죠.

그래서 저는 쿠시카츠 다루마 상의 얼굴을 더욱 험악한 인상으로 만들어 달라고 말했습니다. 왜냐하면 쿠시카츠 다루마상의 험악한 인상이야말로, ·제가 권투 선수의 길을 과감히 포기하고 쿠시카츠 다루마 가게를 땀 흘려 운영하고 있는 저의 진정한 마음을 더욱 강렬하게 표현하는 것이라고 생각했기 때문입니다."

이러한 그의 의도는 적중했다.

오사카 사람들은 대단히 독특하다. 그들의 문화는 도쿄와 다르고, 인근에 있는 교토와도 많이 다르다. 개성이 강하고, 독특하고, 독자적인 것에 더욱 열광한다. 그런 점에서 오사카의 난바(難波) · 도톤보리(道頓堀) · 신세카이(新世界)의 '쿠시카츠 다루마' 출입구에 세워진 캐릭터 인형들은 개성이 강하고 독특한 오사카 사람들의 열정과 투지와 개성을 나타내고 있다.

수많은 마케팅 전문가들은 맛있는 음식을 먹으러 오는 식당의 출입구에 험악한 인상을 한 캐릭터 인형을 세우면, 손님들에게 거부감을 불러일으키고, 식욕을 오히려 떨어뜨릴 것이라고 말했다. 그러나 전문가들의 예상과는 달리, 쿠시카츠 다루마의 입구에는 몰려든 손님들로 와자지껄했다. 양손에 쿠시카츠를 들고 두 눈을 크게 부릅뜬 채 강력한 포즈를 취하고 있는 이색 캐릭터 인형을 보기 위해다.

특히 이 캐릭터는 낯설지만 독특한 개성을 좋아하는 젊은 세대들의 마음을 단번에 사로잡았다. 재미를 추구하고 체험을 중시하는 많은

코로나 팬데믹 시대에 도톤보리 신축빌딩 옥상에 세운 초대형 다루마상

젊은이들이 이 가게 앞에서 캐릭터 인형의 사진을 찍고, 또 가게 안에서 쿠시카츠를 먹는 모습을 사진으로 찍었다. 이러한 사진들이 SNS를 통해 널리 퍼지면서, 쿠시카츠 다루마는 오사카를 방문하는 국내외 관광객들의 맛집 명소로 더욱 널리 알려지게 되었다.

일본 총리대신의 방문이 가져다 준 뜻밖의 행운!

2014년 4월 18일, 그에게 또 한번의 행운이 찾아왔다. 아베 신조(安倍晋三) 총리대신이 그의 가게를 방문한 것이다.

그 당시 아베 총리는 일본의 오랜 경제 불황인 '잃어버린 20년(1991~2011)'을 극복하기 위해 일본 경제 살리기 정책인 '아베노믹스(アベノミクス, Abenomics)'를 적극 추진하고 있었다. 일본에서 버블경제가 무너지고 또 미국발 리먼 브라더스 금융위기 때문에 경제적으로 엄청난 어려움을 겪어야 했던 '잃어버린 20년' 동안, 오사카의 신세카이 역시 극심한 고통을 겪어야 했다.

제5회 오사카 내륙권업 박람회가 전국에서 5백만 명이나 되는 관광객들을 모을 정도로 엄청난 성공을 거둔 이후, 신세카이의 발전은 눈부실 정도였다. 신세카이 남쪽 지역에는 뉴욕 맨하탄 남쪽의 유명한 휴양지에 있는 테마파크인 '루나 파크'와 똑같은 이름의 놀이공원이 들어섰다. 그리고 루나 파크 안에는 회전목마, 롤러 스케이트장, 폭포 계곡, 온수 수영장, 음악당 등의 대형 시설들이 들어섰다.

신세카이 북쪽에는 일본 최초로 엘리베이터를 설치한 전망대인 쓰텐카쿠(通天閣, 103M의 탑)가 세워졌고, 이 일대에는 10개나 되는 극장들이 지어졌으며, 스모를 볼 수 있는 '오사카 국기관(大阪国技館)'과, 길이 180m의 상점가인 '잔잔요코쵸(ジャンジャン横丁)'가 성황리에 장사를 시작했다. 그래서 신세카이 지역은 오사카 서민들의 정취를 흠뻑 느낄 수 있는 유명한 유흥가로 변신했다.

이곳에는 옛날의 향수를 불러 일으키는 아케이드, 오락실, 파친코

(パチンコ), 또 미국에서 건너온 원숭이 모양의 캐릭터 인형인 '빌리 켄'이 곳곳에 세워져 있다. 그러나 이곳도 백 년의 세월이 지나는 동안에 '잃어버린 20년'의 고통을 함께 겪어야 했다….

하지만 재투자가 이루어지고, 상인들의 합심으로 인근에 있는 '텐노지 공원(天王寺公園)'과 연계된 관광 프로그램이 생기고, 또 2014년 봄에 일본 최고층 빌딩인 지상 300m 높이의 '아베노 하루카스(あべのハルカス)'가 인근에 들어서면서, 신세카이 지역이 다시 번성하게 되었다. 그래서 아베 총리의 신세카이 방문 일정은 스포트라이트를 더욱 많이 받게 되었다.

그때 아베 총리를 맞이하게 된 쿠시카츠 다루마의 우에야마 카츠야 대표는 어떤 마음이었을까?

"무엇보다 중요한 것은 '가장 맛있는 쿠시카츠를 대접하는 것'이었습니다. 쿠시카츠는 보기엔 간단한 요리 같지만 사실은 매우 섬세한 요리입니다. 쿠시카츠를 요리할 때 가장 첫째로 준비해야 할 것은 신선한 재료입니다. 일본은 한국과 마찬가지로 봄, 여름, 가을, 겨울 사계절이 있는 나라이므로, 각 계절에 생산되는 신선한 재료를 선별하는 게 아주 중요하죠.

신선한 재료가 준비되면, 그 다음은 튀김옷을 입혀야 합니다. 맛있는 쿠시카츠를 요리하려면, 재료의 종류에 따라 밀가루와 계란과 빵가루의 배합 비율을 절묘하게 조절해야 합니다. 재료들을 튀기는 기름 역시 한 가지 기름을 쓰는 것이 아니라, 여러 종류의 기름들을 잘 배합해서 사용하는 겁니다. 기름에 튀기는 시간도 일정한 것이 아니고, 재료의 특성에 맞게 가장 최적화된 시간에 맞춰 튀겨야 하죠.

이러한 다양한 요소들을 종합적으로 판단해서 숙련된 요리사가 최고의 순간에 요리해야만이, '오사카 어머니의 따뜻한 마음이 깃든 오사카의 원조 쿠시카츠'가 비로소 완성되는 겁니다.

저는 오사카 출신이며, 쿠시카츠는 오사카가 원조입니다. 쿠시카츠를 먹을 때는 오사카 특유의 방식이 있는데, 전세계 어디에 사는 사람이든 쿠시카츠를 오사카 고유의 방식으로 먹으면, 단순히 음식을 먹는 게 아니라 오사카의 마음을 먹는 것이 되죠. 그래서 저는 아베 총리에게 소스를 두 번 찍지 않고 쿠시카츠를 먹는 방법에 대해 말씀드렸습니다."

아베 총리가 쿠시카츠 다루마 원조 가게를 방문했을 때, 신세카이의 가게 앞에는 경찰과 공무원과 취재기자들과 시민들을 포함해서 수백 명의 사람들이 운집했다. 아베 총리가 우에야마 카츠야 대표의 안내를 받으며 가게 안으로 들어가, 쿠시카츠를 소스에 찍어 맛있게 먹는 모습이 TV를 통해 전국에 보도되었다. 아베 총리가 쿠시카츠 다루마 원조 가게를 방문한 홍보 효과는 참으로 대단했다.

TV방송이 나간 후에 간사이 지방의 관광객들뿐 아니라 외국인 관광객들의 방문도 급증했고, 우에야마 카스야 대표가 그해 가을에 직접 TV에 출연할 정도였다. 우에야마 카스야 대표는 그 여세를 몰아 2015년 봄부터 '쿠시카츠 다루마 치킨 세트'를 간사이(関西), 히로시마(広島), 시코쿠(四国)의 여러 점포에서 판매를 시작했다.

"쿠시카츠는 40여 종류가 되기 때문에 처음 오시는 고객들은 메뉴를 선택할 때 어려움을 느낄 수가 있습니다. 그래서 저는 쿠시카츠 장인들이 계절에 맞는 쿠시카츠를 추천해 주는 '오마카세 코스(お任せコース)'를 추천해 드립니다. 또한, 쿠시카츠를 먹는 순서는 채소 튀긴 것을 먼저, 그 다음에는 해산물 튀긴 것을, 마지막에는 고기 튀긴 것을 먹는 것이 좋습니다."

코로나 팬데믹 속에서도 계속되는 쿠시카츠 다루마의 새로운 도전과 열정!

코로나19로 인한 불경기는 일본의 유명한 음식점들에게도 큰 아픔을 안겨주었다. 도쿄 상공 리서치가 집계한 자료에 의하면, 코로나 팬데믹 기간 동안에 무려 500개의 기업형 점포들이 도산했다. 1868년에 창업한 유명한 도시락 전문점인 '고비키초 벤마쓰(木挽町辨松)'도 150년의 역사 속에서 사라졌고, 신세카이에서 1920년에 문을 연 이래 백 년 동안 전통복어 요리점으로 명성을 날리던 '즈보라야(づぼらや)'도 폐점하면서, 대형 복어 모양의 간판이 쓸쓸하게 철거되었다.

그러나 쿠시카츠 다루마의 우에야마 가츠야 대표는, 코로나19로 인한 불황이 찾아오고 도쿄 올림픽이 연기되는 악조건 속에서도 도톤보리에 색다른 명물을 만들었다. 바로 앞에서 말한 다루마 상이다.

도톤보리 운하변을 걷다 보면 멋진 신축 건물이 보이는데, 그 건물의 옥상에 높이 12m에 무게가 20톤이 되는 초대형 다루마 상이 우람한 모습으로 서 있다. 이 다루마 상은 그 자리에 고정되어 있는 게 아니라, 20분마다 15도씩 회전을 한다. 그래서 이 다루마 상은 도톤보리 운하만 바라보는 게 아니라, 오사카 최대의 남쪽 번화가인 난바, 도톤보리, 신사이바시(心斎橋) 일대 전체를 바라보도록 설계되었다.

"저는 도톤보리 상인연합회 회장입니다. 그래서 저는 쿠시카츠 다루마의 경영뿐 아니라, 도톤보리 상가 전체의 발전을 위해서도 많은 노력을 쏟아야 합니다. 도톤보리는 오사카 상권에서 대단히 중요한 장소입니다. 세계 각국에서 오사카를 찾아오는 관광객들이 간사이 국제공항에 내리면 대부분 특급열차인 라피트(ラピート)를 타고 오사카 도심의 첫 관문인 난바(難波)역에 내립니다. 그런데 관광객들이 쇼핑의 거리 신사이바시로 가기 위해서는 반드시 도톤보리를 거쳐야 합니다. 오사카는 옛날부터 '천하의 부엌(天下の台所, 텐카노다이도코로)'으로 유명했고, 그래서 '먹다가 죽는 도시(大阪の食い倒れ, 오사카노 쿠이다오레)'라는 말이 생겼습니다. 즉, '식도락(食道楽)의 도시'인 오사카의 정체성을 가장 강렬하게 느낄 수 있는 곳이 바로 이곳, 도톤보리입니다.

관광객들이 난바역에서 내려서 신사이바시 쪽으로 걷다 보면 두 눈

도톤보리 최대의 쇼핑가, 신사이바시

을 감고 있어도, 이곳이 도톤보리라는 사실을 금방 알수 있죠. 왜냐하면 도톤보리에는 오사카의 온갖 맛집들이 밀집해 있고, 또 식당들에서 나오는 온갖 음식 냄새들이 이미 후각을 강하게 자극하기 때문이죠. 그래서 저는 도톤보리를 찾아오는 관광객들께 음식뿐 아니라, 즐거운 볼거리도 많이 만들어 드려야 한다고 생각합니다.

제가 코로나19로 인해 전세계가 불경기를 겪고 있는 이 시기에도 대규모 투자를 계속하는 또 하나의 이유는, '2025 오사카 간사이 월드 엑스포(EXPO 2025 大阪 · 関西万博)' 때문입니다.

2차 세계대전 이후, 일본은 1964년의 도쿄 올림픽과 1970년의 오사카 만국박람회를 개최하면서, 일본 경제의 부흥과 새로운 도약의 기틀을 더욱 굳건히 마련할 수 있었습니다. 그런데 일본이 '잃어버린 20년'과 '동일본 대지진'의 아픔을 극복하고 21세기의 부강한 국가로 발전하기 위해 준비했던 '2020년 도쿄 올림픽'이 코로나 팬데믹으로 인해 2020년에 개최되지 못했지 않습니까?

그래서 '2025 오사카 간사이 월드 엑스포'의 중요성이 훨씬 더 높아졌습니다. 엑스포는 한 나라의 경제, 문화, 예술, 과학, 산업 등 모든 것들을 전세계인들에게 보여줄 수 있는, 국제적인 행사이기 때문입니다. 그래서 엑스포 기간에 오사카를 방문하는 전세계 관광객들에게 일본 최고의 음식문화와 쇼핑과 엑스포의 도시라는 인상을 강렬하게 심어주기 위해서는 좀 더 과감한 투자가 정말 필요하다고 생각했습니다."

오사카 최대 번화가인 미나미(南) 지역은 난바, 도톤보리, 신사이바시로 이루어져 있다. 간사이 국제공항에서 난카이 전철의 열차를 타고 종점 난바역에 내리면, 그곳에서 도톤보리로 향하는 수많은 인파를 볼 수 있다. 도톤보리 운하 북쪽은 바와 클럽이 많이 모인 고급 유흥가이다. 그래서 대부분의 관광객들은 서민적인 음식을 파는 가게들이 밀집해 있는 도톤보리 운하 남쪽 거리로 몰려든다. 그래서 그 거리에는 맛집을 알리는 멋진 간판들이 무척 많이 있다.

◀▲도톤보리 카니도
라쿠 본점
◀도톤보리 쿠쿠루

붉은색을 한 대형 게 인형이 10개의 다리를 흔들며 존재감을 과시하는 '카니도라쿠(かに道楽)', 반짝이는 두 눈이 인상적인 커다란 용을 간판으로 만든 '킨류라멘(金龍ラーメン)', 펭귄과 대형 곤돌라가 세워진 '돈키호테 도톤보리 에비스 타워', 길이 2.7m의 초대형 문어가 강렬한 붉은 색을 내뿜고 있는 '쿠쿠루 도톤보리(くくる道頓堀)', 도톤보리 최고의 사진 명소인 '글리코맨(グリコマン)' 전광판도 세워져 있다.

미나미(南) 일대의 관광 구조는 조금 특이하다. 도톤보리에 관광객들이 많이 모일수록, 신사이바시 쇼핑가의 매출이 정비례로 높아진다. 그 이유는 도톤보리에 모인 관광객들이 자연스럽게 '글리코맨' 전

광판이 보이는 에
비스 다리를 건너
신사이바시 쇼핑
가로 걸어가기 때
문이다. 그래서
미나미 지역 최대
의 쇼핑거리인 신
사이바시를 활성
화시키기 위해서
는, 무엇보다도
도톤보리에 많은
관광객들이 몰려
와야 한다.

킨류라멘▶▲
돈키호테 에비스 타워▶

1. 오사카 꼬치튀김 원조 가게인 쿠시카츠 다루마 **33**

아베 총리대신 앞에서도 쿠시카츠 다루마 사장이 당당했던 이유는?

"수많은 보도진들이 가게 앞으로 몰려오고, 수많은 기자들의 플래시 세례를 받으면서 아베 총리가 가게 안으로 들어왔을 때, 상당히 떨리지 않았습니까? 일본의 수상이 가게를 방문한 것만 해도 큰 영광이었을 텐데, '쿠시카츠를 소스에 두 번 찍으면 안 된다'는 주의사항을 그처럼 당당하게 말할 수 있었나요?"

"저는 오사카 사람이고, 쿠시카츠는 오사카 음식이니까요! 저는 오사카가 원조인 쿠시카츠를 올바르게 먹는 방법을 제대로 가르쳐 드리는 것이, 오사카 상인의 의무라고 생각합니다. 거기에는 절대 예외가 있을 수 없습니다"

앞날이 유망한 권투선수가 권투를 포기하고 쿠시카츠 가게의 끊어질 뻔했던 전통을 다시 이은 것은 '오사카를 사랑하는 뜨거운 향토애'였다. 이처럼 뜨거운 향토애 때문에 오사카 상인의 혼이 더욱 활활 불타오르는 게 아닐까?

쿠시카츠를 맛있게 먹는 법!

- 타코야키 · 오코노미야키와 함께 '오사카의 3대 유명 먹거리'인 쿠시카츠는, 농후한 소스에 찍은 바삭한 튀김 옷이 입안에서 바스라지면서 입안 가득히 퍼지는 풍미가 매력적인 음식이다. '책상다리도 튀기면 맛있다'는 우스개 말이 있을 정도로, 고소한 기름으로 바삭하게 튀겨낸 쿠시카츠는 시원한 생맥주를 부르는 중독성 강한 오사카의 음식이다.

- 만약 40종류가 넘는 쿠시카츠 메뉴 중에서 무엇을 고르는 게 좋을지 선택하기가 힘들다면, 쿠시카츠 장인이 계절에 맞는 신선한 재료를 선택해 주는 '오마카세 코스'를 부탁하는 게 좋다.

- 또한 먹는 순서는 채소 튀긴 것을 먼저 먹고, 다음에는 해산물 튀긴 것을 먹고, 마지막에는 고기 튀긴 것을 먹는 것이 좋다.

- 쿠시카츠를 먹을 때는 다른 손님들을 위해서 '오직 한 번만 소스를 찍어야' 한다. 만약 소스를 여러 번 더 찍어 먹고 싶을 때는, 탁자 위에 놓인 양배추로 소스를 찍어 먹으면 된다.

- 쿠시카츠 다루마에서는 코로나 팬데믹 시대를 맞이해서, '1인 소스'를 따로 제공하고 있다. 그래서 지금은 관광객들이 자신만의 '1인 소스'를 자유롭게 여러 번 찍을 수 있다.

찾아가는 길

① 신세카이점(新世界店)

주소 : 大阪市浪速区恵美須東 2-3-9

전화번호 : 06-6645-7056

영업시간 : 11:00~22:30 (1월1일 휴무)

전철역 : 미도스지(御堂筋線)선 도부츠엔마에(動物園前)역 5번 출구
도보 5분

② 도톤보리점(道頓堀店)

주소 : 大阪市中央区道頓堀1-6-4

전화번호 : 06-6213-8101

영업시간 : 11:30~22:30

전철역 : 미도스지(御堂筋線)선 난바(難波)역 14번 출구 도보 5분

홈페이지 : http://www.kushikatu-daruma.com/

02 도톤보리의 명물 타코야키와 오코노미야끼 가게, 쿠레오르

주식회사 쿠레오르의 카사이 하스코 회장

프랑스의 대문호 빅토르 위고는 '여성은 약하다. 그러나 어머니는 강하다.'고 말했다. 오사카 구르메(グルメ, 미식가를 뜻하는 gourmet의 일본식 발음) 여행의 성지인 도톤보리에서 '오사카의 명물 음식인 타코야키와 오코노미야키를 파는 가게'로 유명한 쿠레오르(くれお?る)의 카사이 하스코(加西芙子) 회장은, 강한 어머니를 넘어서는 위대한 어머니다.

현재 도톤보리 상가연합회 부회장으로도 활발한 활동을 하고 있는 카사이 하스코 회장은, 오사카에 9개의 가게와 도쿄에 1개의 가게를 갖고 있다. 그러나 불과 20여 년 전만 하더라도 그녀는 사업과는 거리가 먼 봉사 단체의 여성 임원이었다.

그녀는 오사카의 한 봉사단체에서 노약자들을 방문 간호하는 업무에 종사하면서 꽃과 나무를 몹시 좋아하는 여성이었다. 그녀는 힘든 봉사활동을 하면서도 다채로운 색깔과 멋진 향기를 뿜어내는 아름다운 꽃들을 보면, 언제나 기분이 좋아지고 새로운 힘이 솟아올랐다. 어느 날 그녀는 자신의 마음을 행복하게 해주는 예쁜 꽃들을 심기 위해, 집 인근에 작은 땅을 구입하기로 마음먹었다. 그녀는 경제적인 상황이 넉넉하지 않았기에, 꽃밭으로 활용할 땅을 사기 위해 생활비를 아껴가며 열심히 돈을 모았다. 그래서 1년 후, 겨우 1평을 구입할 수 있었다.

카사이 하스코 회장

그녀에게는 세 명의 아들이 있었지만, 봉사활동 때문에 아이들과 함께 보내는 시간이 많지 않았다. 그 중에서 가장 마음이 쓰이는 아들은 막내아들이었다. 2~3살 때 어린이집에 데리고 가면 인기를 독차지할 정도로 귀엽고 예쁜 막내아들이었지만, 봉사단체에서 열심히 활동하다 보니 맛있는 음식을 마음껏 먹일 수가 없었던 것이다. 사랑하는 자식들을 위해서 맛있는 음식을 조금이라도 더 먹이고 싶은 것이, 어머니의 마음이 아니겠는가?

오랫동안 고심을 거듭한 그녀는 결국 그 땅 위에 꽃을 심는 대신에, 미래의 꽃인 자식들을 먹일 타코야키(たこやき)를 만드는 작은 기구를 설치하기로 결심했다. 그녀는 1평의 작은 땅 위에 타코야키 기구를 옮기고, 그 위에 뜨거운 햇볕과 비를 피할 수 있는 작은 지붕을 만들었다. 그리고 타코야키를 만들어서 자식들도 먹이고, 또 이웃사람들에게도 팔기 시작했다. 그러던 중 그녀는 조금이라도 더 맛있는 타코야키를 만들고 싶다는 생각이 들었다. 그래서 그녀는 기존의 타코야키에 새로운 변신을 시도한다.

타코야키를 만들 때 한 가지 종류의 밀가루만 사용하면, 단점이 생긴다. 타코야키가 뜨거울 때는 먹기에 부드럽지만, 조금이라도 식으면 곧 딱딱해져서 식감도 떨어지고 맛도 없어진다. 그래서 카사이 하스코는 연구를 시작했다. 비록 1평의 땅 위에다 만든 가장 작은 타코야키 가게이지만, 최고의 타코야키를 만들고 싶었다. 그녀는 시장에서 10여 종류의 밀가루를 구입해 많은 시행착오 끝에 7종류의 서로 다른 밀가루를 배합하는 황금비율을 알아내게 된다.

얼마 뒤 밀가루를 황금비율로 배합해서 만든 반죽으로 타코야키를 구워내자, 자녀들은 물론이고 이웃사람들까지 이구동성으로 오이시이(おいしい, 맛있다)를 연발했다. 이웃사람들은 '오사카에서 이렇게 맛있는 타코야키는 처음'이라고 감탄하면서, 역 주변의 번화가에서 장사를 하면 큰 돈을 벌 수 있겠다고 따뜻한 격려를 해주었다.

그녀는 타코야키 장사를 제대로 한번 해볼 가게를 알아보러 다녔지만 경제적인 여유가 없어서 교바시(京橋市)역 부근에 3평짜리 작은 가게를 겨우 계약했다. 남들 보기에는 그저 조그만 가게에 불과할지 몰라도, 그녀에게는 그곳이 아들에 대한 지극한 사랑으로 빚은 타코야키의 맛을 오사카 시민들에게 검증받는 대단히 중요한 장소였다.

가슴 설레는 기대감을 안고 두 번째 가게를 개업한 그녀는, 최고의 타코야키를 만들기 위해 수 년 동안 단 하루도 쉬지 않고 불철주야로 열심히 일했다.

'지성이면 감천'이라고 했던가?

결국 그녀가 아들에 대한 지극한 사랑과 뜨거운 열정으로 정성스럽

카사이 코유 사장

게 만든 타코야키는 오사카 시민들의 입맛을 사로잡았고 그들의 마음을 움직였다. 이렇게 해서 3평밖에 되지 않는 작은 가게에서 매년 6천만 엔의 매출을 올리는 놀라운 기적을 만들게 된다.

가게가 바빠지자 막내아들도 고등학생 때부터 어머니를 도우면서 타코야키 기술을 배

우기 시작했다. 그녀는 손님들이 점점 늘어나게 되자, 세 번째로 가게를 이전할 계획을 세운다. 그 당시는 일본의 버블경제가 막 끝난 후였기 때문에 오사카 최대의 도심인 난바, 도톤보리, 신사이바시, 혼마치(本町) 일대에도 빈 가게들이 많이 있었다. 오사카 미식 여행의 중심지역인 도톤보리 거리를 걷던 그녀의 시야에 들어온 건물 한 채가 있었다. 바로 도톤보리의 파친코 건물이었다.

그 파친코 건물은 당시에 문을 닫고 영업을 하지 않는 상태였는데 위치가 너무 좋았다. 난바역에서 신사이바시 쇼핑가로 가려면 반드시 에비스바시(戎橋)를 건너가야 하는데, 에비스바시에서 불과 1~2분 정도밖에 안 되는 거리에 있었다. 게다가 닛폰바시(日本橋) 전철역에서도 상당히 가까운 곳에 위치해 있고, 도톤보리(道頓堀) 운하와 붙어 있기 때문에 손님들이 저녁에 운하의 아름다운 야경을 보면서 식사하기에도 최적의 장소였다.

그런데 정작 문제는 상가의 임대료가 너무 비싸다는 것이었다. 상가 보증금과 파친코 시설을 철거하고 음식점으로 인테리어 하는 비용이 각각 천만 엔씩이나 필요했다. 총 이천만 엔(당시 한화로 10억에 육박하는 금액)이나 되는 큰 돈이었다. 10여 일 동안 고민에 고민을 거듭하던 그녀는, 결국 미쓰비시(三菱) 은행을 찾아갔다. 그런데 미쓰비시 은행의 담당자들은 그녀가 1평의 작은 땅에서 가게를 시작해서 3평짜리 가게로 옮긴 뒤, 단 하루도 쉬지 않고 365일 내내 열심히 일하는 모습을 그동안 눈여겨보고 있었다. 그래서 미쓰비시 은행에서는 부동산 담보가 없는 그녀에게 파격적인 제안을 한다.

"사장님처럼 열심히 일하시는 분은 반드시 성공하실 겁니다.
미쓰비시 은행에서는 사장님의 열정에 투자하겠습니다!"

카사이 하스코의 삶을 향한 뜨거운 열정과 노력을 높이 평가한 미

쓰비시 은행에서는 부동산 담보가 없는데도 불구하고, 신용대출로 이천만 엔 전액을 빌려주었다. 미쓰비시 은행으로부터 신용대출을 받자마자, 그녀는 파친코 건물을 지금의 쿠레오르 식당으로 변신시키는 대공사를 시작했다.

그리고 도톤보리의 쿠레오르 식당에서는 타코야키뿐만 아니라, 오사카의 오코노미야키(おこのみやき)를 비롯해서 20종류의 꼬치구이를 포함해서 다양한 메뉴들을 연구하기 시작했다. 특히 새로운 소스들을 더욱 열심히 연구해서 우메(梅, 매실), 무우 싹, 레몬, 치즈, 고수, 더블 치즈가 들어간 타코야키 메뉴들을 새롭게 개발했다.

타코야키와 더불어 오사카의 명물 음식인 오코노미야키는 더욱 가볍고 입속에서 녹는 느낌이 드는 요리로 개발하여 부타오코노미야키(豚お好み焼き, 돼지고기)·에비오코노미야키(えびお好み焼き, 새우) 등을 판매하기 시작했다. 또한 20종류의 꼬치구이는 돼지기름을 쓰지 않고 건강에 좋은 콩기름을 올리브유와 함께 사용해서 튀겨내고 있다.

지금은 쿠레오르 가게가 오사카에 10개가 있고, 도쿄의 시부야와 오키나와의 국제거리에도 가게를 개업했다. 이처럼 20여 년 만에 '1평의 기적'을 만든 카사이 하스코 회장은 '사랑하는 아들을 위해 타코야키를 만들던 어머니의 마음으로, 언제나 건강에 좋은 음식을 만들기 위해 최선을 다하고 있다'고 말했다.

쿠레오르의 타코야키 팬들 중에는 유명 인사들도 아주 많다. 요시무라 히로후미(吉村博文) 전 오사카 시장(현 오사카 부지사)이 주최한 파티에 쿠레오르의 타코야키 요리가 특별 초대되어 주방의 요리사들이 출

타코야키와 시원한 생맥주

장을 나갔고, 고이즈미 준이치로(小泉純一郎) 전 일본 수상이 참석하는 파티에도 쿠레오르의 요리사들이 출장을 나가서 타코야키 요리를 만들었다. 그리고 오사카 리가로얄 호텔에서 개최된 파티에도 쿠레오르의 타코야키가 출장요리로 참여했고, 또 일본 프로 야구 구단으로 유명한 한신타이거스의 호시노(星野) 감독은, 지난 15년간 파티를 할 때마다 반드시 쿠레오르의 요리사들을 초청해서 타코야키 이벤트를 벌였다.

카사이 코유 사장은 해외 관광객들뿐만 아니라 일본인들에게도 사랑받는 기업을 만들기 위해 노력하고 있다고 말했다. 오사카 미식관광의 성지인 도톤보리에서 일본 음식의 최고가 되고 싶다는 카사이 코유 사장은 앞으로 홍콩·유럽·중국·한국에도 진출해 오사카 명물인 타코야키와 오코노미야키의 진정한 맛을 꼭 보여드리겠다며 포부를 밝혔다.

타코야키와 오코노미야키를 맛있게 먹는 법

밀가루 반죽 속에 문어를 넣은 타코야키는 겉으로 보기보다 굉장히 뜨거워서, 잘못하면 입 천장을 데기도 한다. 타코야키를 먹을 때는 긴 이쑤시개로 겉면을 살짝 찢어서 안쪽에 있는 뜨거운 김이 먼저 밖으로 빠져나오게 하는 게 좋다. 그 다음, 소스가 칠해진 바깥 쪽의 바삭한 겉부분을 먹으면서 안쪽의 부드러운 부분을 먹는다.

'일본식 피자' 혹은 '오사카의 빈대떡'이라는 칭송을 들을 정도로 해외에도 널리 알려진 오코노미야키는 그 역사가 400여 년 전인 16세기 말로 올라간다. 오코노미야키의 원조로 알려진 후노야키는 부드럽게 반죽한 밀가루를 뜨거운 철판위에 구워서 일본 된장인 미소를 발라 먹었던 음식이다. 그리고 메이지시대(明治時代) 이후에 등장한 돈돈야키는 얇은 밀가루 반죽에 김가루와 파와 가츠오부시 등을 토핑으로 올려서 철판 위에 구운 음식이었다. 오늘날의 오코노미야키는 밀가루 반죽 속에 양배추 · 숙주 · 오징어 · 고기 · 달걀 · 생강 등의 다양한 재료들이 듬뿍 들어가는 영양음식이다.

오코노미야키를 만들 때 사용하는 조리기구인 코테를 사용해서 먹으면, 젓가락을 사용할 때와는 또 다른 재미를 느낄 수 있다. 오코노미야키는 영양이 풍부한 고열량 음식이기 때문에 시원한 맥주와 함께 먹으면 더욱 깔끔하고 맛있는 식사를 즐길 수 있다.

'오사카 1평의 기적'을 만든 모정의 타코야키

오사카의 노약자들을 간호하는 봉사활동을 열심히 하던 어머니가 아름다운 꽃을 가꾸기 위해 마련한 1평의 땅! 그러나 어머니는 1평의 작은 땅 위에 예쁜 꽃을 심는 대신에, 꽃보다 더 예쁜 막내아들을 위해 타코야키를 만들기로 결심했다.

작은 1평의 타코야키 가게가 20여 년 후, 도톤보리의 타코야키와 오코노미야키를 파는 쿠레오르로 성장할 것을 그 누가 상상이나 했을까? 그것은 바로 이 세상의 그 무엇보다도 강하고, 이 세상의 그 무엇보다도 따뜻한 모정의 힘이다. 오사카 상인의 혼 속에는 오사카 어머니의 따뜻한 모정이 들어 있어서 더욱 강한 게 아닐까?

찾아가는 길

도톤보리점(道頓堀店)

주소 : 大阪市中央区道頓堀1-6-4

전화번호 : 06-6212-9195영업시간 : 11:00~23:00

전철역 : 오사카 메트로 미도스지센(御堂筋線)

　　　　난바(難波)역 하차, 도보 5분

신선한 스시 가게, 다이키 수산

03

주식회사 다이키 수산의 사에키 야스노부 회장

오사카 미식의 거리 도톤보리에는, 파란색 참치인형 '다이키군(大起くん)'이 귀엽게 세워져 있는 회전초밥 가게가 있다!

이 가게는 오사카에서 가장 신선한 스시를 제공하는 것을 모토로 해서 고객들을 오모테나시(おもてなし, 혼을 다해 고객을 접대함)의 마음으로 정성껏 모시고 있는, 다이키 수산 회전초밥 가게이다. 난바와 도톤보리를 비롯해서 오사카 일대에 많은 직영점을 갖고 있는 다이키 수산(大起水産) 회전초밥은 단순한 초밥가게가 아니다. 오사카의 가장 신선한 스시를 전세계인들에게 대접한다는 신념으로 일본의 올바른 스시 문화를 국내외에 널리 알리기 위해, 수천만 원에서 1억 원이나 하는 고급 참치를 갖고 세계 각국을 순회하며 '참치 해체쇼'라는 빅 이벤트를 연속으로 진행하고 있는 '스시전문 문화기업'이다.

다이키 수산 회전초밥의 최대 강점은 기본에 충실한 기업이라는 것이다. 모든 음식의 기본은 신선한 식자재를 사용하는 것에서부터 시작한다. 그래서 다이키 수산그룹의 모토는 '신선도가 제일입니다!'이다. 어쩌면 가장 당연한 것이지만 막상 실천하기는 쉽지 않다. 특히 고가의 고급 스시 가게보다는 대중적인 가격으로 판매해야 되는 회전

다이키 수산 회전초밥 난바가게 앞의 캐릭터 인형, 다이키 군

초밥 가게에서는 결코 쉬운 일이 아니다.

그러면 '다이키 수산그룹 회전초밥'에서는 '신선도가 제일입니다!' 라는 모토를 실천하는 일이 어떻게 가능했을까? 그 이유는 간사이 지역에서 생선 판매를 하는 수산회사인 다이키 수산 주식회사가, 국내외의 유명 수산물 산지에서 직송하는 유통시스템을 획기적으로 구축해서 운영하기 때문이다.

다이키 수산그룹의 사에키 야스노부(佐伯保信) 회장과 인터뷰를 시작할 때, 그가 가장 먼저 필자에게 보여준 것은, 다이키 수산그룹을 상징하는 한 장의 사진이었다. 그것은 바로 초대형 참치 사진이었다. 그런데 이상한 점이 하나 있었다. 참치는 바닷속에 사는 생선인데 사진 속의 참치는 하얀 구름을 배경으로 푸른 하늘을 날고 있는 모습이 아닌가? 게다가 참치의 양 옆에는 가슴 지느러미 대신에 비행기의 날개가 달려 있었다.

"저는 세계 각국의 고객들에게 가장 신선한 일본의 스시를 대접하기 위해, 마치 참치가 가슴에 비행기 날개를 달고 힘차게 날아가는 것처럼 가장 빠르게 직송해야 한다고 생각합니다. 일본의 수산인들이 반드시 이러한 노력을 경주해야만이, 건강을 위한 고급스러운 식사로 자리잡은 일본 고유의 스시 문화를 전세계로 자랑스럽게 전파할 수 있습니다. 가장 신선한 스시를 고객들에게 대접한다는 것은, 다이키 수산 회전초밥 가게에 근무하는 모든 직원들의 철학이며 커다란 자부심입니다"

다이키 수산 회전초밥에서는 그동안 신선한 스시를 고객들에게 접대하기 위해 오사카 제2의 도시인 사카이에 수산시장을 직영하고 있다. 그리고 다이키 수산 회전초밥에서는 업계 최초로 '라디오 오사카(ラジオ大阪, OBC)'를 통해 월요일부터 금요일까지 매일 아침 〈신선한 생선정보〉를 방송했다. 그리고 2012년 11월 부터는 월요일부터 금요일까지 매일 아침 7시, 〈거리의 항구, 신선한 생선정보〉 프로그램을 방송하면서 신선한 생선에 관한 다양한 정보들을 소비자에게 직접 전달했다.

또한 '거리의 항구 프로젝트'를 야심차게 운영하고 있다. '거리의 항

구 프로젝트'는 국내외 산지에서 매입한 어패류를 저렴한 가격으로
오사카, 교토, 나라, 사카이 등 11곳의 소비자들에게 직접 공급하는
생선시장과 다이키 수산 회전 초밥집을 함께 운영하는 복합 시스템이
다. 즉 도시의 소비자들이 마치 '오사카의 작은 항구'에 온 것처럼 신

선한 어패류를 저렴한
가격으로 쇼핑하면서,
다이키 수산의 회전초
밥을 음미하도록 하는
것이다. 그래서 〈거리
의 항구 프로젝트〉가
운영되는 11곳의 점포
에는 넓은 전용 주차장
을 완비해서, 고객들이
느긋하게 거닐면서 항
구의 정취를 느끼도록
정성을 다하고 있다.

또한 다이키 수산에
서는 일본의 독특한 스

시문화를 전세계에 홍보하고 또 해외의 많은 고객들과 적극적으로 소통하기 위해, 살아 있는 '참치 해체쇼'를 연속으로 진행하고 있다.

특히 다이키 수산 회전초밥에서는 2011년에 발생한 동일본 대지진 이후 침체된 경기를 부흥시키기 위해, 2011년부터 '천하의 부엌, 오사카 마츠리(天下の台所, 大阪まつり)'에 매년 참여하고 있다. 다이키 수산 회전초밥에서는 이 행사에서 살아 있는 참치를 해체하는 쇼와 함께 참치회 시식과 판매를 함께 진행하여 참가자들로부터 뜨거운 호응을 받았다.

또한 해외에도 일본의 스시 문화를 널리 홍보하기 위해 싱가포르, 중국, 노르웨이, 마드리드, 베트남에서도 참치 해체쇼를 빅 이벤트로 성황리에 진행했다. 그리고 1994년 9월 4일, 간사이 국제공항이 개항하던 첫날에 미국령 괌에서 잡은 싱싱한 참치를 첫 비행기로 공수한 이후, 매년 간사이 국제공항 중앙 로비에서 '간사이 국제공항 개항 축하, 참치 이벤트'를 성대하게 개최했다.

다이키 수산 회전초밥에서는 그 외에도 오사카성 공원(大阪城公園), 텐만궁마츠리(天神祭), 스미요시타이샤(住吉大社)의 오타우에마츠리(御田植祭)에서 '살아 있는 참치 해체쇼'를 진행하면서 국내외 관광객들에게 일본의 스시문화를 대대적으로 홍보했다.

현재 연간 매출 200억 엔을 올리고 있는 다이키 수산 그룹은 국내외에서 잡은 다양한 생선들을 가장 신선한 상태로 전세계 소비자들에게 공급하기 위해 일본 열도의 주요 어항과 미국, 캐나다, 러시아, 중국, 한국, 노르웨이, 태국을 연결하는 직송유통시스템을 운영하고 있다. 전국에 '거리의 항구' 11개 점포와 '천하의 부엌' 레스토랑 9개의 점포, 그리고 다이키 수산 회전초밥 31개 점포를 운영하고 있으며, 한신(阪神) · 한큐(阪急) 백화점 · 세이부(西武) 백화점 · 게이한(京阪) 백화점 등에 신선한 생선들을 공급하고 있다.

다이키 수산 회전초밥 가게에서는 다른 초밥 가게에서 볼 수 없는 싱싱한 자연산 활어를 직송 공급해, 고객들이 수족관을 통해 계절에 맞는 자연산 활어를 직접 보면서 최고의 스시를 맛볼 수 있는 프로그램도 운영하고 있다. 특히 오사카 남부 사카이(堺)에 위치한 어시장과 회전초밥 가게는 지역 주민들뿐 아니라 국내외 관광객들의 사랑을 받는 관광명소로 큰 각광을 받고 있다.

다이키 수산에서 직영하는 '거리의 항구'인 사카이점은 대형 어시장, 넓은 주차장, 사카이의 역사를 느낄 수 있는 인테리어를 추구한 깔끔한 회전초밥 가게가 서로 조화를 이루고 있다. 이곳에서 근무하는 다이키 수산의 직원들은 "다양하고 신선한 생선으로 고객들의 식탁 문화를 책임지겠다는 자세로 일하고 있으며, 꼭 다시 오고 싶다는 말을 듣는 것이 대단히 행복하다"고 말한다.

다이키 수산에서는 본사가 위치한 사카이점을 오사카를 찾는 국내외 관광객과 오사카 시민들이 모두 만족하는 '오사카 최대의 거리의 항구'로 만들기 위해 다양한 프로젝트를 진행하고 있다. 그래서 다이

다이키 수산이 소유하고 있는 사카이의 중앙어시장

키 수산(大紀水産)에서는 지난 40년 동안 참치 가공 전문 도매업에 종사한 경험을 바탕으로 2018년 8월부터 사카이의 중앙시장 내에 '마구로(まぐろ, 참치) 파크 레스토랑'을 대대적으로 개업했다.

다이키 수산에서는 현재 중앙시장 내에 있는 200평 규모의 레스토랑을 4배인 800평으로 증설해서, 참치 요리를 중심으로 스시와 덮밥과 정식을 제공하고 있다. 또한 이곳에서는 다이키 수산그룹의 모든 점포에서 판매하는 산지 직송의 신선한 생선을 다양하게 구비해서, 생선을 사용하는 반찬 코너부터 일품요리까지 고객들이 '계절의 맛'을 충분히 즐길 수 있게 하고 있다.

또한 가족 관광객들을 위해서는 '스시 체험과 생선조리법 강좌' 등의 체험형 프로그램을 운영하고 있다. 그리고 어린이 전용 공간에서는 다이키 수산의 참치 마스코트인 '다이키군'과 사진을 찍고 '참치 놀이기구'를 탈 수 있으며, 비디오 영상 체험과 살아 있는 물고기 잡

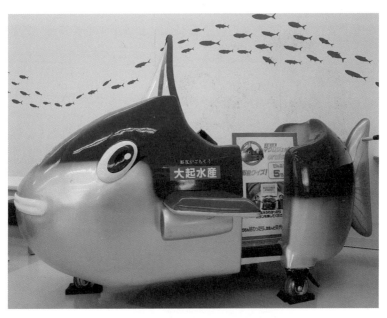

다이키 수산 사카이점에 있는 다이키 군 놀이기구

기 이벤트도 진행하고 있다.

다이키 수산그룹은 이처럼 새로운 아이디어를 발굴하고 진취적으로 추진할 뿐 아니라, 고객들을 위한 문화 예술활동에도 대단한 열정을 갖고 있는 기업이다. 다이키 수산그룹에서는 일본 노포(老鋪)들의 오모테나시(おもてなし, 혼을 다해 고객을 접대함) 정신을 널리 알리기 위해, 대만과 합작 영화인 〈오모테나시(盛情款待, 성청콴따이)〉 제작을 후원했다.

이 영화는 해외 관광객의 오사카 방문을 촉진하고 지역관광과 지역 경제를 활성화시키기 위해, 영화의 90%를 간사이 지방에서 촬영했다. 영화의 주요 줄거리는 일본 최대의 호수 비와호(琵琶湖) 주변에 위치한 노포 여관을 M&A하기 위해 오사카를 방문한 대만인 기업가가, 노포 여관을 운영하는 일본인 여성들의 오모테나시 정신에 감동하는 내용이다. 이 영화는 2018년 3월 오사카의 난바파크 시네마(なんばパ? クスシネマ)를 비롯한 전국의 영화관에서 개봉했고, 대만 타이베이 시 먼딩에 있는 귀핀따시위엔(國賓大戱院)에서도 개봉했다.

다이키 수산 그룹에서는 이처럼 지역에서 번 돈을 다시 지역의 관광과 경제 활성화를 위해 재투자하면서, 향토애를 실천하는 문화기업으로서 새로운 가치를 창조하고 있다. 이처럼 문화와 예술을 좋아

다이키 수산이 후원한 영화, 오모테나시

하는 다이키 수산 회장은 "한국 가수들 중에서 노래 〈테스형〉을 부른 나훈아를 가장 좋아한다"고 했다.

"저는 1980년대에 나훈아 노래를 듣고 깜짝 놀랐습니다.

제2차 세계대전이 끝난 후에 출생한 일본의 단카이 세대(1947~1949에 출생한 일본의 베이비 붐 세대, 인구 약 7백만 명)는 미군의 공습으로 폐허가 된 역경과 고난 속에서 부강한 나라를 다시 만들기 위해 잡초처럼 살았던 사람들입니다. 그런데 나훈아의 노래 속에서 우리 단카이 세대의 심금을 울리는 남자의 고독과, 야성미와, 사랑을 갈구하는 아련한 감성이 짙게 흘러나오더군요."

가수 나훈아 역시 그런 정서를 갖고 있다. 나훈아는 6·25전쟁이 한창이던 1950년대에 항도 부산에서 자랐기 때문이다. 그 당시 부산은 한국의 임시 수도였다. 북한군이 한반도의 남쪽에 있는 낙동강 전선까지 밀고 내려왔기 때문에, 부산은 한국군 최후의 보루였다. 그래서 임시 수도였던 부산에는 전쟁을 피해 전국에서 몰려온 피난민들과 낙동강 전선으로 이동하는 군인들로, 그야말로 아수라장이 되었다.

1953년, 휴전이 되자, 부산은 전쟁의 폐허 속에서 가까스로 살아남은 사람들의 눈물겨운 삶의 투쟁이 치열하게 전개되던 생존경쟁의 격전지였다. 아비규환 같은 전쟁의 폐허더미 속에서 지독한 가난과 삶의 허무를 동시에 보면서 어린 시절을 보내야 했던 한국의 베이비 붐 세대에게는, 미래가 안 보이는 암울한 세상을 비틀거리며 스스로 개척해야 했던 서글픔과 외로움과 고독의 정서가 뼛속 깊이 존재한다. 그런 의미에서 일본의 단카이 세대와 한국의 베이비 붐 세대는 서로 정서적으로 공감하는 바가 크다.

"그런 이유 때문에 저는, 나훈아 씨처럼 일본에 진출했던 조용필 씨와 계은숙 씨도 좋아하게 되었습니다. 그때는 지금 같은 한류가 생기기도 전이었지만, 한국 가수들을 좋아하는 일본인들이 꽤 많았습니다. 특히 계은숙 씨는 고이즈미(小泉) 전 일본 총리가 후원할 정도로 엄청난 인기를 끌었죠.

　그래서 저는 최근에 일본에 불고 있는 한류를 높게 평가하고 있답니다. 특히 일본의 젊은이들이 BTS나 트와이스나 블랙핑크의 노래와 춤을 즐기는 것을 보면, 역시 '음악에는 국경이 없다'는 말이 맞는 것 같습니다. 코로나19 사태로 어수선한 시기인데도 불구하고 일본 소니뮤직과 한국의 유명기획사 JYP가 공동기획한 '니지 프로젝트'가 크게 성공하지 않았습니까?

　일본 여성 9명으로 구성된 걸그룹인 니쥬가 2020년에 유명한 'NHK 홍백 가합전'에 출연할 정도로 대성공을 이룬 것을 보고, 앞으로 일본과 한국 간에 다양한 문화교류가 더 많아질 것이라는 생각을 하게 되었답니다. 다음에는 작가님과 함께 가라오케(カラオケ, 노래방)에 가서 나훈아 노래를 함께 부르는 기회를 가졌으면 좋겠습니다."

1억짜리 살아 있는 참치를 간사이 국제공항에서 해체를 한 이유는?

한국의 가수 나훈아 노래를 좋아한다는 사에키 야스노부 회장은 가격이 저렴한 냉동참치가 아니라, 군이 고가의 살아 있는 참치를 오사카의 첫 관문인 간사이 국제공항에서 해체하는 빅 이벤트를 벌인 이유에 대해 이렇게 대답했다.

"저는 오사카 상인입니다. 오사카의 앞바다를 매립해서 간사이 국제공항이 첫 문을 여는 그날, 저는 오사카 상인들의 오모테나시 정신을 전세계에 알리고 싶었습니다. 그래서 오사카 최고의 요리사들과 함께 살아 있는 싱싱한 참치를 눈앞에서 해체해서 무료로 시식하는 큰 행사를 직접 진행한 겁니다."

사에키 야스노부 회장은 필자에게 "오사카의 오모테나시 정신을 알리기 위해서라면, 서울에서도 살아 있는 참치 해체쇼를 꼭 하고 싶다"고 말했다. 사에키 야스노부 회장의 이러한 정성과 열정이 오사카를 세계적인 상인의 도시로 만든 원동력이 아닐까? 그는 오사카의 오모테나시 정신을 알리기 위해 영화 〈오모테나시〉 제작을 직접 후원했다.

스시를 맛있게 먹는 법

초밥은 신선한 생선과 쌀밥과 와사비로 만들어 내는 환상의 예술 작품이다. 얕은 바닷속에서부터 깊은 바닷속에 이르기까지 워낙 다양한 생선들이 살고 있기 때문에, 작은 컨베이어 벨트를 타고 눈앞을 지나가는 회전초밥을 바라볼 때면 무엇부터 먼저 먹어야 할지 혼란스러울 때가 있다.

그럴 때는 이 방법을 따라해 보자.

① 돔, 농어, 방어 같은 담백한 흰 살 생선들을 먼저 먹는다.

② 참치 같은 붉은 살 생선을 먹는다.

③ 전어 전갱이 같은 등푸른 생선을 먹는다.

④ 성게알, 아나고(穴子, 붕장어)와 김 초밥을 먹는다.

⑤ 마지막으로 따뜻한 된장국이나 녹차로 깔끔하게 마무리한다.

찾아가는 길

① 본점(本店)

주소 : 堺市北区中村町607-1

전화번호 : 072-258-1002　영업시간 : 10:00~19:00

전철역: 오사카 시영지하철 미도스지센(御堂筋線) 신카나오카(新金岡)역 하차, 이온

몰 옆 버스정류장에서 난카이 버스(南海 バス) 46번 승차 후 야시타 중학교
(八下中學校) 하차 도보 3분

② 도톤보리점(道頓堀店)

주소 : 大阪府大阪市中央区道頓堀1-7-24

전화번호 : 06-6214-1055   영업시간 : 11:00~23:00

전철역 : 미도스지선(御堂筋線) 난바(難波)역 14번 출구 도보 5분

홈페이지 : http://www.daiki-suisan.co.jp/company/daikisuisan

04

오사카의 열정을 담은 철판 꼬치구이 식당, 텟판진자

주식회사 토시유키의 대표 타나카 토시유키

토시유키 주식회사의 타나카 토시유키(田中寿幸) 대표는 일본에서 요식업으로 성공할 수밖에 없는 사람이다. 그는 식당 일을 너무 열심히 해서 병원 응급실로 3번이나 실려갈 정도였다. 게다가 치료받는 도중에 링거 주사를 빼고 가게로 급히 달려온 사람이다. 그리고 시치미를 뚝 뗀 뻔뻔한 얼굴(?)로 단골 손님들을 위해서 꼬치구이를 구운 사람이다.

손님들이 "사장님, 오늘 안색이 별로 좋아 보이지 않네요."라고 물을 때마다 쾌활하게 웃으면서 '하하, 아닙니다. 오늘 제 컨디션은 최고입니다.'라고 거짓말을 능청스럽게(?) 하는 사람이 바로 타나카 대표다. 그는 병원 응급실에서 팔에 꽂힌 링거 주사기를 빼고 4평짜리 작은 가게로 돌아올 때마다 극심한 현기증으로 그 자리에서 털썩 주저앉고 싶었다. 하지만 그는 비틀거리는 발걸음을 한 발짝 한 발짝 옮길 때마다 '손님이 지금 나를 기다리고 있다!', '여기서 주저앉으면 나는 영영 끝장이다.'라는 말을 마음속으로 수없이 외치며 가게로 돌아왔다.

그리고 손님들에게는 아무런 내색도 하지 않고 뜨겁게 달궈진 철판

집념의 사나이, 타나카 토시유키 대표

앞에 서서 최선을 다해서 열심히 꼬치구이를 구웠다. 손님들이 모두 다 나가고 가게의 불이 모두 꺼지면 그 자리에 다시 쓰러져 병원 응급실로 실려가는 악몽 같은 일을 겪으면서도, 이를 악물고 손님들과의 약속을 끝까지 지킨 사람.

도대체 이런 사람이 성공하지 않으면, 또 누가 성공한다는 말인가?

타나카 토시유키! 그에게 음식 가게는 과연 어떤 의미였을까?

오사카 도심의 사무실에서 타나카 대표를 처음 만났을 때, 무한 긍정의 뜨거운 기운이 온몸에서 뿜어져 나오는 그에게 다음과 같은 질문을 던졌다.

"도대체 당신에게 4평밖에 되지 않는 작은 식당이 어떤 의미였기에, 자칫 잘못하면 생명을 잃을 수도 있는 무모한 행동을 한 겁니까?"

"일본에는 오사카성(大阪城), 구마모토성(熊本城), 히메지성(姬路城)을 비롯한 많은 성들이 있습니다. 영주들에게는 자신의 성을 지켜야 할 막중한 책임이 있습니다. 제가 당시 운영했던 식당은 남들이 보기에는 비록 4평밖에 되지 않는 작은 가게였지만, 그곳은 제가 목숨을 걸고 지켜내야 할 저의 성이었습니다.

일본에는 잇쇼켄메이(一生懸命, 한 가지를 열심히 한다는 뜻. 무사가 영지를 목숨을 바쳐 지키는 것에서 유래)라는 말이 있습니다. 비록 그 자리에서 죽더라도 자신의 모든 것을 걸고 사력을 다해 지켜내겠다는 정신이 바로, 잇쇼켄메이 정신입니다.

그때 그 가게는 저의 모든 것이었습니다. 만약 그 가게가 망한다면 저의 모든 것이 망하는 것과 같았습니다. 그래서 저의 모든 것을 걸고 마련한 소중한 그 가게를 지키기 위해, 어릴 때 어머니의 품속에서 젖먹던 힘까지 다 쏟아부을 정도로 전심전력을 다할 수밖에 없었습니다. 만약 그때 제가 문을 닫고 손님을 받지 않았으면, 결국 그 가게는 망할 수밖에 없지 않았겠습니까?”

간사이 지방의 중심 도시인 오사카의 임대료는 다른 지역에 비해 매우 높다. 타나카 대표가 최초로 개업한 가게는 평당 임대료가 90만 원이었다. 즉, 4평 임대료로 매월 360만 원이 필요했고, 거기에 가게 관리비와 운영비와 음식을 만드는 재료비와 종업원 월급까지 더하면 900만 원이 훌쩍 넘어갔다.

그는 오사카 출신이 아니다. 그는 오사카에서 160km 남짓 떨어져 있는 후쿠이(福井)현의 코시노무라(越廼村)라는 작은 시골 마을에서 태어났다. 그는 혈기왕성하던 25세에, 중장비 운전사 일을 그만두고 무작정 오사카로 들어왔지만 돈이 넉넉하지 못했기 때문에 9명이 겨우 앉을 수 있는 4평짜리 작은 가게를 마련할 수밖에 없었다. 그는 오사카에 아무런 학연도 지연도 혈연도 없었기 때문에, 사무라이가 오직 칼 한 자루를 들고 진검 승부를 겨루는 것처럼 고독한 싸움을 할 수밖에 없었다.

하인 샨쵸를 데리고 의기양양하게 길을 떠난 기사 돈키호테처럼 종업원 한 명을 데리고 개업한 가게는, 처음에는 하루 종일 단 한 명의 손님도 들어오지 않았다. 만약 식당문을 밤 늦게까지 열어 놓았는데도 불구하고 손님들이 들어오지 않는다면, 일반적인 상식으로는 대다수의 식당들이 일찍 문을 닫을 것이다. 손님도 없는데 계속 불을 밝히고 있으면, 전기세도 더 나가고 부대비용도 더 지출되기 때문이다. 그러나 타나카 토시유키 대표는 결코 그렇게 하지 않았다.

오히려 그는 졸린 눈을 비벼가면서 불을 환하게 밝히고 맛있는 음식 냄새를 풍기면서, 다음 날 새벽이 될 때까지 끈질기게 기다렸다.

그로부터 1주일 후. 드디어 첫 손님이 들어왔다.

여명이 밝아오는 새벽 5시에 술에 만취한 손님들이 자신의 가게 문을 열고 들어온 것이다. 그리고 한 시간 후인 6시에 '와! 이 집은 굉장히 일찍 문을 열었구나!'라고 하면서, 두 번째 손님들이 가게로 들어왔다. 그는 그 손님들을 결코 잊을 수 없다고 했다.

"그분들은 이 세상에서 가장 고맙고 소중한 분들이었습니다. 그분들 덕에 가게가 운영될 수 있었기 때문입니다. 가게 종업원의 월급, 임대료, 운영비, 저의 생활비는 전부 손님들로부터 나오지 않습니까? 만약 손님들이 오지 않는다면, 제가 어떻게 가게를 운영하겠습니까? 그러니 그분들이야말로 더 말할 나위 없이 이 세상에서 가장 소중한 분들입니다."

그는 고마운 손님들을 극진하게 대접하기 위해 정성어린 요리를 최선을 다해 만들었다. 음식은 단순히 미각만 자극하는 것이 아니라, 오감을 자극한다. 음식의 색과 모양은 시각을, 음식을 만들 때 나오는 다양한 소리는 청각을, 음식에서 나오는 좋은 냄새는 후각을, 그리고 젓가락이나 손으로 음식을 잡을 때 느끼는 감각은 촉각도 자극한다.

그리고 오감을 모두 자극한 맛있는 음식이 입 안을 가득 채울 때, 그 음식이 갖고 있는 독특한 풍미가 우리의 온몸에 서서히 번지게 된다. 이처럼 인간의 오감을 모두 자극하면서 만들어지는 기분 좋은 포만감은, 우리를 무척이나 행복하게 만들어 준다. 이러한 사실을 누구보다도 잘 알고 있는 타나카 토시유키 대표는 잘 만들어진 꼬치구이 요리 위에 자신의 환한 미소와 뜨거운 열정까지 덤으로 얹어서 손님들에게 내놓았다.

게다가 친화력이 대단히 뛰어난 그는 마치 손님들이 자신을 일본 최고의 코미디 기업인 '요시모토 흥업(吉本興業) 소속의 개그맨'이라고 착각할 정도로 유머스럽고 위트가 넘쳤다. 그는 다양한 이야기로 손님들을 끊임없이 즐겁게 했다. 사람의 진심과 열정은 누구라도 쉽게 알아챌 수 있는 법이다. 타나카 토시유키 대표가 온 정성을 다해 손님

들을 즐겁게 해주고, 또 최고의 음식으로 극진히 대접하자 손님들도 함께 마음을 활짝 열었다. 크게 감동한 손님들은 다음 날부터 지인들을 데리고 철판 꼬치구이 가게를 찾기 시작했다. 고객 스스로가 구두(口頭) 마케터(Marketer)가 된 것이다.

그로부터 3년 후, 그는 자신의 첫 가게를 확장 이전하게 된다.

9명이 겨우 앉을 수 있었던 4평의 가게에서 24명이 넉넉히 앉을 수 있는 13평의 가게로 이사하게 된 것이다. 새로 이사한 가게는 현재 텟판진자 본점이 되었고, 곧이어 2호점과 3호점이 연이어 생겼다. 그리고 마침내 오사카 식도락 거리의 중심인 도톤보리와 난바에 각각 4호점과 5호점을 열게 되었다. 타나카 대표는 점점 가게를 확장하면서 매우 특이한 발상의 전환을 시도한다. 평소에 일본의 진자(神社, 신사)에 보관되어 있다가 마츠리(祭り, 축제)를 할 때 사용되는 화려한 오미코시(お神輿, 일종의 가마로, 안에는 신이 타고 있다고 생각한다)를 난바 가게 안에 설치한 것이다. 또 모든 가게 입구에는 신사에 있는 황금색 방울을 매달고, 가게 양쪽에 신사의 입구에 서 있는 커다란 개인 코마이누(こま犬)

를 설치했다.

타나카 토시유키 대표는 이렇게 설명했다.

"일본 열도는 옛날부터 화산과 지진도 많고, 또 태평양에서 올라오는 태풍의 영향으로 풍수해도 많이 겪었습니다. 자연재해로 인한 수

식당 안에 설치한 일본 신사의 '오미코시

많은 역경과 슬픔 속에서도 일본인들이 웃음을 되찾고 다시 재기할 수 있는 힘을 준 것이, 바로 축제입니다.

일본인에게 축제는 곧 즐거움입니다. 무언가 신나는 일이 있고, 즐겁게 웃을 수 있는 일이 있고, 또 재미있는 춤을 추면서 맛있는 음식도 함께 나눠 먹는 것이 마츠리입니다. 비록 지금은 힘들지만 미래를 위해 열심히 살고 있는 많은 고객들에게 '힘내라'는 응원의 메세지를 보내고, 또 신나고 즐거운 축제의 분위기를 연출하기 위해 텟판진자(鉄板神社) 난바점 안에 마츠리에서 사용하는 화려한 오미코시(御神輿)를 설치한 것입니다.

그리고 텟판진자의 다른 지점에도 액을 물리치는 힘을 갖고 있는 성스러운 개(犬)인 코마이누(こま犬)를 출입구 양쪽에 설치하고, 복을 부르는 황금색 방울을 중앙에 매달아서 텟판진자에 가면 신나고 즐겁다는 느낌을 고객들에게 드리려고 한 겁니다."

요즘처럼 치열한 요식업의 전쟁이 일어나는 시대에 텟판진자를 찾아오신 분들이야말로 '정말로 소중하고 고마운 분들'이라고 그는 말했다. 그는 종업원들을 교육하는 시간에도, '고객들이야말로 텟판진자에 근무하는 모든 임직원들에게 월급을 주는 가장 소중한 분들'이라는 이야기를 누누이 강조한다. 그리고 종업원들도 한 달 동안 열심히 일한 뒤에 받는 봉급은 사장이 주는 것이 아니라, 손님들이 주신다는 인식을 확고히 하고 있다고 말했다.

그는 종업원들에 대한 교육을 매우 중요하게 생각하고 있었다.

"우리 종업원들이 텟판진자에 들어오시는 손님들에게 밝고 큰 목소리로, 이랏샤이마세(いらっしゃいませ, 어서 오십시오)를 외치는 것은 단순히 환영의 인사를 하는 게 아닙니다. 그것은 인생을 열심히 살고 계시는 고객 분들을 응원하는 구호입니다. 텟판진자의 모든 종업원들은 고객 한 분 한 분의 인생을 뜨겁게 응원한다는 진심을 전하기 위해, 밝고 큰 음성으로 환영의 인사를 하는 겁니다."

진심은 알려지고 열정은 전달되는 법이다.

텟판진자의 경영이념과 사장을 비롯한 모든 종업원들의 뜨거운 열정과 진심을 알고 있는 손님들은 텟판진자 발전의 큰 원동력이 되고 있다. 고객들의 재방문율이 높은 것은 물론, 기존의 고객들이 새로운 고객을 모셔오는 비율도 대단히 높다. 고객 무한사랑의 열정과 발상의 전환으로 발전을 거듭하고 있는 주식회사 토시유키는 난바(難波)지점 50석에서 월 매출 2억 3천만 원, 도톤보리(道頓堀)지점이 35석에서 월 매출 2억 원, 본점은 월 매출 1억 8천만 원이라는 경이로운 가게로 성장했다.

필자는 타나카 토시유키 대표와 헤어지면서 오사카에 텟판진자가 새로운 노포(老鋪, 대를 이어 가면서 장사하는 오래된 가게)의 별이 될 날이 멀지 않았음을 확신할 수 있었다.

오사카의 철판구이 식당에
일본 신사의 오미쿠시를 설치한 이유는?

만약 한국에서 불교나 천주교의 중요한 종교적인 성물을 식당 안에 설치하고, 그 식당의 홍보에 활용한다면 어떻게 될까?

아마도 많은 종교인들이 '성스러운 종교를 세속적인 장사에 이용하면 안 된다'면서 반대하는 여론을 형성할 것이다. 그런데 오사카에서는 이러한 역발상의 아이디어가 가능하다. 과연 '일본 제일의 상인의 도시'인 오사카다운 발상의 전환이라는 생각이 들었다.

텟판야키를 맛있게 먹는 방법

텟판야키의 진정한 매력은 신선한 식재료들을 뜨거운 철판 위에서 섬세하게 구워 주는 셰프의 현란한 퍼포먼스를 감상하면서, 손님과 음식과 셰프가 따뜻한 교감을 함께 나누는 데 있다. 뜨거운 철판 위에서 신선하고 다양한 식재료들이 제각각 다른 소리들을 내면서 익어가는 소리들은 뇌를 기분좋게 자극하고 마음을 편안하게 해서 심리적인 안정을 주는 '힐링의 소리'인 ASMR(자율감각 쾌락 반응, Autonomous Sensory Meridian Response, 뇌를 부드럽게 자극해서 심리적인 안정을 주는 백색소음)의 하나이다.

또한 신선한 식재료들이 철판 위에서 익어갈 때 서서히 풍겨 나오는 다양하면서도 고유한 음식 냄새는 우리의 후각을 자극하고, 식욕을 높이고, 현대인의 지친 심신을 위로하고, 새로운 활력을 치솟게 하는 아드레날린과 세로토닌의 마법을 일으킨다. 그래서 텟판야키를 먹을 때는 일본 드라마 〈고독한 미식가〉의 주인공 마츠시게 유타카처럼 오감으로 즐기는 식사를 한다면, 미식의 즐거움은 더욱 높아진다. 이것이 일본의 축제인 마츠리를 컨셉으로 하고 오모테나시의 마음으로 텟판진자를 운영하는 음식 장인들이 손님들에게 당부하고 싶은 이야기이다.

텟판진자 주방에서 손님들을 위해 매일 신선한 식재료로 준비하는 꼬치구이는 45종류가 넘는다. 이 중에서 보통 손님들이 주문하는 꼬치구이는 10여종류 정도로, 먼저 채소로 만든 꼬치구이를 먹으면서 속을 부드럽게 자극한 후, 해산물로 만든 꼬치구이를 먹으면서 식욕을 더욱 높인 뒤, 고기로 만든 꼬치구이를 먹으면 만족도가 더욱 높아질 것이다.

찾아가는 길

① 도톤보리점(道頓堀店)

주소 : 大阪府大阪市中央区道頓堀1-6-4

전화번호 : 050-3462-0102   영업시간 : 11:00~익일03:00

전철역 : 오사카 시영지하철 사카이스지선(堺筋線)닛폰바시(日本橋)역 근처

② 난바점(難波店)

주소 : 大阪府大阪市中央区難波千日前12-34

전화번호 : 06-6563-9023   영업시간 : 11:30~익일03:00

전철역 : 난카이전철(南海電?) 난바(難波)역 도보 3분

홈페이지 : https://toshiyuki-spirits.hooop.me/

일본의 3대 와규인
마쓰자카규 식당, 라이트 하우스

라이트 하우스의 타츠미 요시아키 회장

직장생활을 열심히 하던 사람이 그동안 자신이 잘 다니던 회사를 그만두고 새로운 일을 창업하려고 할 때, 일반적으로 자신이 잘 아는 일이나 자신이 잘할 수 있는 일을 시작한다. 주변 사람들도 '자신이 잘 모르는 일은 절대 하지 말라'고 충고하는 것이 당연하다. 그런데 일본 3대 와규(和牛, 일본산 소고기)의 하나인 마쓰자카규(松坂牛, 마쓰자카 소고기) 한 마리의 모든 부위를 사용하는 특별한 전략으로 국내외 수많은 고객들을 감동시키는 기업을 경영하는 라이트 하우스의 타츠미 회장은, 그런 면에서 대단히 특이한 사람이다.

왜냐하면 그는 다른 창업자들이 '자신이 가장 잘할 수 있는 것으로 창업을 하자!'라고 외칠 때, 오히려 발상의 전환을 해서 '자신이 가장 자신없는 일로 창업을 해보자!'라고 했던 대단히 엉뚱발랄한 창업가 이기 때문이다.

원래 타츠미 요시아키 회장은 일본의 패션업계에 종사하던 전문가였다. 그는 오사카 남부의 중심 거리 혼마치(本町)에서 패션기획, 디자인, 광고, 마케팅, 이벤트 운영에 7년 동안 종사했다. 그리고 패션업계에서 한창 열심히 일하던 30세에 고베(神戸)의 패션회사에 스카우트되

타츠미 요시아키 사장

어, 그는 일본 최대의 패션쇼인 '고베 컬렉션'의 도시 고베로 이주한다. 그는 고베에서 일본의 젊은 패션 디자이너들을 육성해 도쿄, 뉴욕, 파리 컬렉션에 진출시키는 프로젝트에 의욕적으로 참여한다. 그곳에서 자신의 능력을 인정받은 그는, 패션 브랜드 런칭과 디자이너 육성, 패션 프로모션 등의 업무를 열정적으로 수행했다. 일본의 유명한 항구도시인 고베에서 자신이 좋아하는 패션 관련 일을 정말 즐겁게 진행하던 어느 날, 예기치 않은 천재지변인 '고베 대지진(阪神大震災) 사태'를 맞게 된다.

1995년 1월 17일.

새해가 밝은 지 며칠 되지 않은 시기에 발생한 고베 대지진은 엄청난 충격이었다.

고베 대지진은 2011년 3월 11일에 발생한 규모 9.0의 동일본 대지진에 버금가는 규모 7.2의 초대형 지진이었다. 무려 6,300명의 사망자와 26,000여 명의 부상자가 나왔고, 고속도로를 비롯한 수많은 사회 기간 시설이 처참하게 파괴되는 대참사였다. 고베 대지진을 겪으면서, 그는 정신적인 큰 충격과 함께 자신의 인생을 다시금 되돌아보는 깊은 성찰의 시간을 갖게 되었다.

오랜 성찰의 시간을 보낸 끝에, 그는 오랫동안 일해 왔던 패션업계를 떠나 새로운 일에 도전해 보기로 결심한다. 원래 살던 오사카로 다시 돌아온 그는 새로운 길을 모색하던 중에 엉뚱하게도 자신이 '아르바이트조차 해본 적 없는 요식업'을 시작하겠다는 구상을 한다.

그는 오사카에서 얼마든지 패션 관련 일을 다시 시작할 수 있는 환

라이트 하우스

경이었다. 만약 그가 다시 시작한다고 하면 도움을 줄 패션업계의 지인들이 주변에 수두룩할 정도로 많았다. 그런데도 무(無)에서 유(有)를 새롭게 창조하고 싶었던 그는, 자신이 전혀 모르는 분야인 요식업에 과감히 뛰어들었다. 그는 요식업 중에서도 오사카 사람들이 무척 좋아하는 '야키니쿠(燒肉, 불고기) 음식점'을 운영하기로 결심했다. 하지만 문제는 오사카에 야키니쿠 음식점들이 너무 많다는 것이었다.

그래서 그는 오사카의 수많은 야키니쿠 음식점들 중에서 무언가 특색 있는 야키니쿠를 제공하기 위해 새로운 아이디어를 구상했다. 그것은 일본의 3대 와규로 명성이 높음에도 불구하고, 오사카 사람들은 거의 먹을 수 없었던 '마쓰자카(松坂)의 와규'를 야키니쿠로 만드는 것이었다. 그 당시만 하더라도 마쓰자카규(松坂牛)는 일본의 수도인 도쿄를 주요 시장으로 영업하고 있었기 때문에, 오사카 시민들은 맛있는 마쓰자카규를 제대로 맛보기조차 쉽지 않았다. 그래서 그는 마쓰자카규를 파는 야키니쿠 음식점을 열어서 오사카 시민들이 마쓰자카규를 마음껏 먹을 수 있는 기회를 제공해야겠다고 결심했다.

결심을 끝낸 타츠미 회장은 마쓰자카규를 생산하는 미에(三重)현의 목장으로 달려갔다. 이렇게 해서 가장 중요한 마쓰자카규를 확보한 그는 2004년에 드디어 〈M의 야키니쿠〉 후쿠시마(福島) 본점을 개업한다. 그리고 2년 후인 2006년에는 호젠지(法善寺)에 2호점을 개업한다. 그리고 그는 새로운 상품인 '나카노시마 버거(中之島バーガー)'를 개발했다.

오사카 시민들뿐 아니라 해외에서 온 관광객까지 폭발적인 인기를 모은 '나카노시마 버거' 개발은 "맛있는 마쓰자카규를 한 부위도 버리지 말고 모든 부위를 다 먹을 수는 없을까?"라는 의문에서 처음 아이디어가 시작되었다.

마쓰자카규를 야키니쿠의 재료로 사용하고 남는 나머지 부위를 그냥 허비해 버리기에는 너무 아까웠다. 그래서 오랜 연구 끝에 개발한 것이 '나카노시마 버거'였다. 마쓰자카규의 남은 부위로 만든 패티를 햄버거 속에 넣고 그 위에 소스를 바른 것이다.

일본 최초로 마쓰자카규를 100% 사용한 고품질의 '나카노시마 버

거'는 폭발적인 인기를 얻었고, 판매장인 본사 1층의 야키니쿠 가게 앞에는 기나긴 줄이 끝없이 이어졌다. 어떤 날은 고객들이 너무 많이 몰려와서 '나카노시마 버거'를 먹는데 4시간이나 걸린 적도 있었다. 결국 4시간이나 기다린 고객들로부터 "나카노시마 버거는 패스트 푸드인데, 이렇게 오랫동안 고객을 기다리게 해도 되느냐?"는 항의를 받는 사태에까지 이르렀다. 이를 해결하기 위해 그 다음에 개발한 메뉴가 바로 '나카노시마 비프샌드'(中之島ビーフサンド)였다.

'맛있는 마쓰자카규가 들어 있는 오사카 최고의 비프 샌드위치'라는 의미를 갖고 있는 이 상품은, 많은 사람들이 왕래하는 JR신오사카(新大阪)역과 교토역의 신칸센(新幹線) 탑승장 입구에서 판매하기 시작했다. 2010년에 첫 발매를 시작한 '나카노시마 비프샌드'는 짧은 기간 내에 누계 판매 개수가 150만 개 이상을 돌파하면서 오사카의 새로운 향토음식이 되었다. 그리고 2014년에는 라이트 하우스에서 운영하는 야키니쿠 가게가 세계적인 여행 평판 사이트인 '트립 어드바이저(トリップ・アドバイザー, Tripadvisor)(https://www.tripadvisor.co.kr)'에서 '외국인에게 인기 많은 레스토랑 1위'를 수상하는 영광을 얻게 되었다.

"그동안 일본 사회의 분위기가 많이 침체되어 있었습니다. 일본은

1990년대에 버블경제의 붕괴 이후 경제적으로 힘든 시간을 많이 보냈고, 또 2008년 미국 월가의 리먼 브라더스 투자은행의 파산 이후 전 세계에 불어닥친 글로벌 금융 위기 때도 많이 힘들었습니다.

그러다 보니 오사카 시민들의 얼굴에서 미소가 많이 사라져 버렸습니다. 제가 살고 있는 오사카는 '일본 제일의 코미디 도시'입니다. 일본 최고의 코미디언들 중에는 오사카 출신들이 많고, 또 일본 최고의 코미디 기업인 요시모토흥업(吉本興業)도 본사가 오사카에 있습니다. 그리고 일본 내에서 젊은이들의 댄스 열풍이 가장 많이 부는 도시도 바로 오사카입니다.

이처럼 춤도 잘 추고 웃음도 많은 오사카 시민들이 오랜 경제 불황의 여파로 얼굴에서 미소를 점점 잃어버리는 것이, 저는 대단히 안타까웠습니다. 그래서 저희 가게에서는 일본의 맛있는 마쓰자카규를 야키니쿠, 스키야키, 나카노시마 비프샌드 같은 다양한 음식으로 요리해서 판매할 때, 저희 가게를 찾아주신 고객들에게 진심에서 우러나오는 친절한 미소를 보여드리기 위해 최선을 다하고 있습니다.

그것은 저희 가게를 방문하신 고객들이 단순히 맛있는 음식만 먹는 것이 아니라, 저희들의 친절과 미소까지도 가슴속에 담아가시기를 바라고 있기 때문입니다. 미소는 사람의 마음과 마음을 이어주는 긍정적이고 밝은 에너지를 만들어 내는 위대한 효과가 있다고 생각합니다. 그래서 미소를 지으며 고객을 친절하게 맞이하면 저희 가게 직원들도 행복해지고, 또 그러한 직원들의 서비스를 받으며 식사를 하시는 고객들도 함께 행복감을 만끽하시기를 기대합니다.

이러한 이유 때문에 라이트 하우스에서는 기업의 사훈을 '음식업계에 새로운 가치관을 창출하며 자부심을 가지고 활기 넘치는 사회의 실현에 공헌한다'로 정했습니다. 임직원들이 함께 일하는 가치기준도 '서로 믿고, 서로 인정하고, 서로 활기차게'입니다. 경영이념 역시 '자부심을 갖고 도전하는 음식 종합 서비스 기업'이라고 정했고 함께 근

무하는 모든 임직원들의 '행복한 자부심'이 라이트 하우스(ライトハウ
ス)의 브랜드라고 말하고 싶습니다.

'행복한 자부심'을 갖기 위해서는 무엇보다도 먼저 신뢰하고 서로
존중하는 문화가 무엇보다 중요하다고 생각합니다. 이러한 문화가 바
탕이 되어야만이 비로소 고객을 향한 친절한 미소가 나오고, 고객들
이 만족할 수 있는 음식을 만들 수 있고, 또 창조적인 메뉴 개발도 가
능할 것입니다.

제 꿈은 오사카를 해외 각국의 사람들이 음식을 매개로 함께 모이
고, 서로 어울리고, 또 행복해하는 '세계적인 음식문화 도시'로 만드
는 것입니다. 그래서 저는 라이트 하우스를 글로벌 음식도시인 오사
카의 현관 역할을 하는 기업으로 키우고 싶습니다. 비록 지금은 코로
나19 사태 때문에 해외 여행객들의 오사카 방문이 쉽지 않습니다만,
앞으로 코로나 팬데믹이 끝나고 나면 예전처럼 해외관광객들이 오사
카를 많이 찾아오지 않겠습니까?

이제 도쿄 올림픽이 끝났기 때문에 향후에는 세계인의 관심이
〈2025 오사카 간사이 월드 엑스포〉로 집중될 것입니다. 도쿄올림픽
은 40여 일 정도 진행되지만, 오사카 엑스포는 6개월 동안 계속되고,
또한 볼거리나 즐길 거리가 아주 많기 때문에, 전세계에서 엄청난 숫
자의 관광객들이 오사카로 몰려올 겁니다.

저는 음식을 통해 오사카를 세계적인 도시로 활성화하기 위해 책상
앞에 가만히 앉아서 아이디어를 구상하지 않고, 시간이 날 때마다 거
리로 나가서 관광객들을 자세히 관찰하고 또 리서치합니다. 저희 가
게에서 새로운 메뉴를 개발하는 회의를 하고 또 새로운 메뉴 시식회
를 할 때, 오히려 저는 거기에 참가하지 않습니다. 가장 창의적인 메
뉴에 대한 아이디어는, 음식을 조리하고 음식을 손님들에게 직접 접
대하는 사원들끼리 모여서 자유롭게 발표하고 자유분방하게 토론할
때 나온다고 생각하기 때문입니다. 사실 오사카를 세계적인 음식문화

의 도시로 발전시키는 가장 큰 원동력은, 오사카의 모든 가게에서 땀 흘려 일하는 직원들에게서 나온다고 할 수 있습니다.

그래서 저는 무엇보다도 사람이 가장 중요하다고 생각합니다. 이런 이유 때문에 저는 모든 사원들이 손님들을 대접하는 만큼 본인들도 대접을 받는다는 느낌이 들 수 있도록 최선을 다하고 있습니다. 이러한 노력 덕분에 라이트 하우스의 사원들은 근속기간이 길고 이직률이 낮습니다. 유학생 아르바이트생들도 본인이 그만둘 때에 꼭 자신의 후임자로 근무할 대체 인력을 소개해주고 그만두기 때문에, 인력 부족으로 고생하는 일은 거의 없습니다".

필자는 타츠미 회장과의 오랜 인터뷰를 끝내고 나온 뒤, 마츠자카규를 사용한 야키니쿠를 먹기 위해 라이트 하우스가 운영하는 도톤보리 가게로 급히 발을 옮겼다.

라이트 하우스 도톤보리
점 메뉴

마쓰자카규 가게에서 외국인에게 길 안내까지 하는 이유?

'일본 3대 와규'의 하나인 마쓰자카규로 다양한 요리를 만드는 라이트 하우스의 가게 종업원들은 오사카의 지리를 잘 모르는 외국인 관광객들을 위해 친절한 서비스를 특별히 제공한다. 라이트 하우스의 가게 종업원들은 오사카의 명소, 호텔, 전철역 등을 찾는데 많은 어려움을 겪고 있는 외국인 관광객이 있으면, 그들이 가고자 하는 목적지를 찾을 때까지 실질적인 서비스를 기꺼이 제공한다.

어떨 때는 종업원이 택시를 불러서 관광객이 목적지에 잘 도착할 수 있도록 택시기사에게 자세한 설명을 해주기도 한다. 타츠미 회장은 식당 영업에 바쁜 종업원들이 외국인 관광객들에게 그처럼 친절한 서비스를 해주는 이유에 대해 다음과 같이 설명했다.

"우리 일본인들도 외국의 도시들을 처음 방문하면 지리를 몰라서 많은 애로를 겪습니다. 그럴때 운좋게 길을 잘 아는 현지인을 만나면 얼마나 반갑고 고마운지 모릅니다. 친절한 현지인은 그 도시의 이미지까지 바꾸지 않습니까? 저는 오사카도 그와 마찬가지라고 생각합니다. 오사카를 처음 방문하는 외국인 관광객들은 목적지를 잘 못 찾아서 쩔쩔매는 경우가 종종 있습니다. 그때 라이트 하우스의 직원들이 외국인 관광객들의 애로사항을 명쾌하게 해결해 준다면, 그분들에게 큰 도움이 되지 않겠습니까?

저는 오사카 시민들의 따뜻한 미소를 단순한 말이 아니라, 직접 행동으로 전해 주고 싶습니다. 저는 라이트 하우스 직원들의 이러한 미소와 친절이 외국인 관광객들에게 오사카의 이미지를 더욱 우호적으로 만들 수 있다고 믿습니다. 또한 외국인 관광객들에게 오사카가 '식도락과 쇼핑의 도시'로만 기억되지 않고, '미소가 아름답고 친절하고 유머와 위트가 넘치는 오사카 사람들이 사는 도시'로 기억되기를 바랍니다."

사려깊은 미소와 배려심 많은 친절로 오사카 상인의 혼을 더욱 빛나게 하는 라이트 하우스 타츠미 회장의 꿈이 꼭 이루어지기를, 필자도 함께 기원해 본다.

찾아가는 방법

① 도톤보리점(道頓堀店)

주소 : 大阪市中央区宗右衛門町7-17 이나카회관 2층

전화번호 : 06-6214-5145.　　　영업시간 : 12:00~15:00, 17:00~23:00

전철역 : 미도스지센(御堂筋線) 난바(難波)역 14번 출구 도보 10분

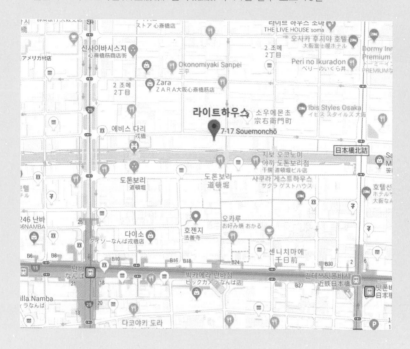

② 호젠지 요코쵸(法善寺横丁, 스키야키 샤브샤브 전문점)

주소 : 大阪市中央区難波1-1-7

전화번호 : 06-6212-7100.　　　영업시간 : 17:00~24:00

전철역 : 미도스지센(御堂筋線) 난바(難波)역 14번 출구 도보10분　　　**전철역 확인 바람**

홈페이지 : http://righthouse.co.jp/

06 사위를 생각하는 장모의 마음으로 음식을 만드는 식당

사이카보의 오영석 대표

도쿄, 오사카, 나고야, 요코하마를 비롯해서 일본 전역에 백화점을 포함한 20여 개의 매장과, 'K-POP의 메카'인 서울의 청담동을 포함해서 한국에도 4개의 매장을 보유하고 있는 사이카보(妻家房)는 아주 특이한 음식점이다. 사이카보는 처음부터 음식점을 개업하기로 계획을 세우고 진행한 것이 아니라, 일본 도쿄의 케이오 백화점(京王デパート)에 근무하던 남편이 아들의 돌 잔치에 초청한 직장 동료들의 응원과 격려가 시초가 되어 음식점을 개업하게 되었기 때문이다.

이 이야기는 서울 올림픽이 개최되던 1988년에 태어난 아들이 한 살이 되었을때, 돌잔치를 준비하면서 시작된다. 그 당시 도쿄 케이오 백화점에 근무하던 남편이 아들의 돌잔치에 백화점 동료들을 초대하기로 결정했다. 그러자 남편의 이야기를 들은 부인은 아들의 돌잔치에 초대받은 사람들을 위해 한국 전통음식들을 정성껏 준비한다. 한국에서 잔치할 때 즐겨 먹었던 갈비찜, 파전, 잡채, 제육보쌈, 김치 등.

지금부터 30년 전인 1980년대 후반에는 대부분의 일본인들이 알고 있는 한국 음식은 '야키니쿠'(燒肉, やきにく)로 부르던 한국의 불고기 정도였다. 그날 식사를 함께하던 일본인 동료들은 한국 전통음식을 먹으면서 모두들 감탄을 금치 못하는 모습이었다. 입안에서 살살 녹는 듯한 부드러운 갈비찜, 서양의 피자보다 훨씬 담백하면서도 건강에 좋은 파전, 입안에서 씹는 식감이 좋으면서도 달콤한 뒷맛이 느껴지는 잡채, 녹색의 상추잎과 푸짐한 돼지고기 볶음의 풍미를 함께 느끼는 제육보쌈, 지방의 느끼한 맛을 깔끔하게 잡아주면서 건강에 좋은 유산균이 풍부한 열정의 붉은색이 매력적인 김치 등. 푸짐한 돌잔치 상 앞에 앉은 그들은 모두 다 이구동성으로 '오이시이~(おいしい)'를 연신 외치면서 엄지를 위로 치켜세웠다. "지금 당장 한국음식점을 차려도 손님들이 길게 줄을 서겠다"는 그들의 뜨거운 응원과 힘찬 격려에 마음이 흔들리기 시작했다.

결국 그의 아내는 궁리끝에 1993년 4월에 도쿄의 요츠야(四谷)에 '김치가게 사이카보(妻家房)'을 처음으로 개업한다. 그리고 그 해 10월에는 도쿄 신주쿠(新宿)에 있는 케이오 백화점에 '김치가게 사이카보 2호점'을 개업하게 되었다. 음식 솜씨 좋은 아내와 함께 일본에서 열정

적으로 사업을 하고 있는 오영석 회장은 엄청난 의지와 집념으로 그야말로 드라마틱한 삶을 살고 있다.

젊은 시절 그는 대구 영남대학교 화학과에서 공부하던 중 진로를 바꾸고 만다. 갑자기 기울어진 집안 때문이다. 그는 돈을 잘 벌 수 있는 직업을 구하기 위해 무작정 서울로 상경해 패션 공부를 시작한다. 그리고 우여곡절 끝에 서울의 중심상권인 명동에 '사라미' 의상실을 첫 개업했다.

그후 좀더 폭넓은 의상 공부를 통해 일류 의상 디자이너가 되겠다는 꿈을 꾸게 된다. 그래서 1983년에 일본으로 건너갔다. 그는 1985년에 도쿄 신주쿠의 문화복장 학원에 입학해서 패션 공부에 열심히 정진한다. 딸 둘을 둔 가난한 유학생 신분이었던 그로서는 쉽지 않은 길이었다. 그럼에도 남들보다 더 열심히 노력했다.

그는 패션 유통 쪽에 많은 흥미를 느끼게 되었다. 도쿄의 케이오 백화점에서 3주간 연수를 하면서 성실성과 능력을 인정받게 되었고, 결국 1988년 4월에 케이오 백화점에 첫 입사하게 된다. 그런데 이것은 재일 한국인 사회에서는 커다란 사건이었다.

그 당시만 하더라도 일본 백화점에서 외국인이 근무한 사례는 거의 없던 시절이었다. 도쿄 신주쿠의 이세탄(伊勢丹) 백화점에 최초의 유럽인이 근무를 했을 뿐, 다른 외국인 근무자는 아예 찾아볼 수가 없었다. 그는 일본 백화점에서 근무하는 최초

의 한국인이 된 것이다.

이러한 명예를 안고 케이오 백화점에 입사하자마자, 그는 여성복 상품기획을 맡게 되었다. 그는 도쿄 케이오 백화점에서 근무하면서 '패션을 통한 한일문화의 가교' 역할을 하기 시작한다. 그는 한국의 패션 디자이너들을 유명한 '도쿄 컬렉션'에 참가시키는 일을 하였고, 또 패션잡지『멋』에 패션에 관한 칼럼을 쓰기도 하였다.

그는 상사가 시키는 업무만 진행하는 수동적인 성격이 아니라, 창의적인 일을 스스로 만들어서 진행하는 능동적인 사람이었다. 그래서 그는 1988년에 서울 올림픽이 개최되는 것을 계기로 한국 정부가 여행 자율화 정책을 추진하는 것을 보고, 즉시 케이오 백화점의 상사에게 몇 가지 창의적인 제안을 한다.

첫째로, 한국 정부가 추진하는 여행 자율화 정책 때문에 많은 한국인 관광객들이 케이오 백화점을 방문할 것에 대비해서 '한국어 안내방송'을 실시하는 것이었다.

오사카 우메다(梅田) 지역에 위치한 한국 레스토랑, 사이카보

두 번째는, 케이오 백화점을 방문하는 한국인 관광객들에게 좀 더 친절한 서비스로 응대하기 위해 '한국어 강좌'를 시작하자는 것이었다. 그 당시 케이오 백화점 경영진에서는 그의 제안이 백화점 매출에 긍정적인 기여를 할 수 있겠다는 판단을 했다. 1988년 8월 15일부터 케이오 백화점 최초로 '한국어 강좌 교실'이 개최되었고, '한국어 방송'과 '한국어 안내 팜플릿'도 제작하였다.

케이오 백화점 최초의 문화프로그램들을 창의적으로 기획하고 열정적으로 추진하던 그는 본인이 소망하던 패션 유통부문에서 승승장구하면서 많은 일들을 진행했다. 그리고 1995년 2월에 지난 7년간 근무했던 케이오 백화점을 퇴사한다.

그것은 본인이 직장 생활을 하면서 배운 패션 유통 분야의 전문성을 살려서 한국의 지방자치단체와 일본의 대형 백화점을 연결하는 다양한 사업을 추진하기 위해서였다. 그래서 그는 케이오 백화점을 퇴사한 지 1년 만인 1996년 5월에, 도쿄 마루히로(丸広) 백화점에서 대규모 '한국 농산물 판매 전시회'를 1주일 동안 개최하였다.

또한 아내와 함께 '김치가게 사이카보' 운영에도 열심히 참여했고, 1996년 10월에는 '일본 최초의 김치박물관(キムチ百物館)'을 도쿄의 요츠야(四谷)에 개장했다.

그리고 아내와 상의해서 '일본 여성을 대상으로하는 김치교실'을 김치박물관에서 열었다. '김치가게 사이카보'에서 시작해서 '김치박물관'과 '김치교실'로 점점 다양한 음식사업을 전개하게 된 그는 드디어 1996년 12월에 '한국 전통가정 음식점'인 사이카보(妻家房)를 개업하게 되었다.

도쿄 최초로 김치박물관을 연 요츠야에는 현재 일본에서 가장 큰 한국문화원이 자리잡고 있으며, 김치박물관과 함께 일본 사회에 한국을 알리는 데 큰 역할을 하고 있다.

오영석 회장과 유향희 여사는 지난 8년 동안 한국인의 소울푸드

(Soul Food)인 김치를 판매하고 전시하면서 많은 아쉬움이 있었다. 그들은 한류 스타인 이영애 씨가 출연한 인기 TV 드라마인 〈대장금〉처럼, 김치뿐만 아니라 한국의 다양하고 건강에 좋은 전통음식들을 좀더 많은 일본인들에게 소개해 주고 싶다는 생각이 항상 마음속에 있었던 것이었다.

이처럼 오영석 회장과 유향희 여사의 오랜 숙원을 이루는 소중한 결실로 탄생한 사이카보는 일본의 니혼 TV와 아사히 TV를 비롯한 각종 방송과 언론에 보도되는 유명세를 타면서, 지금은 일본의 주요 도

서울 청담동에 문을 연 도쿄 사이카보

시에 20여 개의 매장을 갖고 있다.

그리고 '한류의 본고장'인 서울 청담동에도 '도쿄 사이카보'(東京妻家房, Tokyo Saikabo)를 개업했고, 한국에는 서울, 대구, 청주, 판교에 모두 4개의 매장을 운영하고 있다.

특히 사이카보는 아사히 TV가 연말에 주최하는 '설 명절음식 대결 프로그램'의 맛 부문에서 1등을 받았고, 또 2011년에는 주일 한국대사관을 통해 사이카보의 김치가 한국 김치로는 최초로 '아키히토(明仁) 천황과 나루히토(德仁) 황태자 부부에게 헌상(獻上)하는 김치'로 선정되는 큰 영예를 얻었다.

지난 30년 가까운 세월 동안 '음식을 통한 문화외교관' 일을 열심히 펼쳐온 오영석 회장은, 도쿄의 코리아타운인 신오쿠보(新大久保) 거리를 찾아오는 일본의 젊은이들을 위해 K-문화프로그램들을 통해 〈2025 오사카 간사이 월드엑스포〉 기간에 일본을 방문하는 세계 각국의 관광객들에게 좀 더 다양하고 색다른 K-POP 공연문화, K-POP 패션문화, K-FOOD 문화를 알리기 위해 많은 노력을 기울이고 있다.

오영식 회장은 일본에서 30여 년 동안 생활하면서, 한국의 좋은 식문화를 일본에 알리는 것과 아울러 일본의 좋은 식문화도 한국에 알리고 싶다는 생각을 하고 있었다. 그래서 세계적인 고급 건강음식으로 각광받고 있는 일본 스시문화를 한국에 제대로 전해주고 싶다는 일념으로, 서울 청담동에 도쿄 사이카보 일식 음식점을 개업했다.

　2009년에 문을 연 도쿄 사이카보에는 오사카 닛코(日航) 호텔의 일본인 총 주방장이 2명의 일본인 요리사들과 함께 정통 일식 요리들을 만들고 있다. 또한 일본의 유명한 요리가인 카사하라 마사히로(笠原正弘)가 1년에 3번씩 도쿄 사이카보 일식 음식점을 방문해서, 일본 현지에서 먹는 가장 신선한 계절 음식을 먹는 요리 이벤트를 개최하고 있다.

　카사하라 마사히로는 일본에서 잘 알려진 특별한 셰프다. 도쿄에서 예약만 해도 3개월이 걸린다고 하는 독특한 이색 식당인 산피료우론(贊否両論)의 대표다. 그는 야키토리(焼き鳥, 닭꼬치) 가게를 운영하는 집안에서 태어났다. 그는 고등학교 1학년 때 어머니가 암으로 돌아가신 뒤, 요리사가 되기로 결심한다. 그래서 고등학교 졸업 후에는 킷쵸에서 9년 동안 요리를 배운다. 킷쵸는 G7정상회의에서 선진국의 정상들에게 일본 요리의 정수를 선보인 유명한 요정이다.

　그후 아버지까지 암으로 투병을 하게 되자 그는 가업을 잇기로 결심한다. 그는 아버지가 가게를 오픈한 지 30년이 되는 2004년에 도쿄에 산피료우론이란 상호로 자신의 가게를 개점한다. 그는 왜 '찬반양론'이라는 철학적인 이름을 자신의 가게에 붙였을까. 그는 "만인이 좋아해 주지 않아도 된다. 나의 요리 방식을 인정해주는 사람만 있으면!"이라는 음식에 대한 자신의 고집과 철학을 표현하고 싶었다고 한다.

　일본의 수도인 도쿄에서 탁월한 감성과 미각으로 만든 코스 요리만 제공하는 카사하라의 가게는 예약이 끊임없이 밀려오는 인기 식당이 되었다. 하지만 이러한 성과에 만족하지 않고 '자신의 라이벌은 바로 디즈니랜드'라는 야심찬 공언을 하며 일본 요리를 한 단계 더 발전시키려 노력한다고 한다. 그는 매년 세 차례씩 청담동의 '도쿄 사이카보'를 방문해서 특별한 일본 음식을 한국인에게 알려주기 위해 최선을 다하고 있다. 일본의 정통 일식을 느끼고 싶다면 도쿄 사이카보가 있는 청담동으로 가 보는 것을 추천한다. 도쿄 사이카보는 서울 강남구의 '아름다운 건물'로 선정되기도 했다.

도쿄 사이카보의 청담동 빅 이벤트

일본 전역에 22개의 음식점을 내고 한국의 전통음식의 맛과 문화를 알리는 사이카보는 매년 서울 청담동에 위치한 도쿄 사이카보에서 특별한 빅 이벤트를 개최한다. 바로 일본의 유명 셰프 카사하라 마사히로와 함께하는 일본 정통 요리의 향연이다. 도쿄에서도 6개월 전에 예약하지 않으면 먹기 힘든 일본 장인의 음식이다.

2018년 8월 2일에서 3일까지 진행된 행사에 필자도 참여한 적이 있다. 그때 나온 메뉴에는 첫번째로 문어 조림이 나왔다. 풍미 깊은 간장으로 잘 조린 문어, 토마토, 고추의 일종인 '오쿠라(オクラ)' 해초인 '모즈크(モズク)'가 젤리 속에 함께 담겨 있는 문어조림은 폭염 속에서 만난 한 줄기 상쾌한 소나기처럼 시원하면서도 새콤하고 부드러웠다.

두 번째 나온 우나기(ウナギ, 장어) 튀김은 우나기, 꽈리고추, 애호박의

일종인 '오카키 아게(おかき揚げ)'가 함께 튀겨졌는데 마치 땅콩이나 밥을 먹는 것처럼 고소했다.

세 번째 나온 하모(ハモ)국은 전분을 입혀서 구운 하모와 구운 가지가 함께 들어 있는 국이었는데, 마치 고향집에 사시는 어머니의 따뜻한 손길처럼 속을 편안하게 해주는 국이었다.

네 번째는 사시미(刺身, 회)가 나왔다. 신선한 도미, 참치, 오징어, 농어, 시오콘부(塩昆布, 소금절임 다시마)가 함께 나왔는데, 역동하는 바다의 활력이 온몸으로 전해지는 느낌이었다.

다섯 번째는 갈치 유자향구이가 나왔다. 굵고 두툼한 갈치, 토마토, 마가 함께 나왔다. 특이한 것은 달콤 새콤한 유자를 활용해서 갈치를 구웠기 때문에 갈치를 먹는 내내 유자향이 코끝을 맴돌면서 더욱 식욕을 자극하는 것이다.

여섯 번째는 차완무시(茶碗蒸し, 계란찜의 일종)였다. 노란 계란찜 속에는 마치 보물찾기처럼 연어알, 전복, 성게알이 들어 있었는데 차완무시 속에서 바다 향기가 물씬 풍겨나왔다.

일곱 번째는 스키야키(すき焼き)였다. 따뜻한 국물 속에 상큼한 쑥갓, 가지, 배추, 생선이 함께 들어 있었다.

마지막으로 달콤한 디저트가 나왔다. 볶은 녹차로 만든 푸딩, 수박과 키위와 와인을 넣은 과일주스, 깻잎이 들어간 샤벳(しそシャーベット, 시소샤벳)이 나왔는데, 그 맛이 환상적이었다.

일본에서는 한국의 맛을 전하고, 또 한국에서는 이렇게 일본의 맛을 전하는 도쿄 사이카보야말로 '음식을 통한 문화외교'를 몸소 실천하는 곳이 아닐까?

땅값이 비싼 도쿄 한복판에 '김치 박물관'을 세운 이유는?

일본의 수도 도쿄는 땅값이 비싸기로 유명한 도시다. 그런데 오영석 회장 부부가 도쿄의 값비싼 대로변의 땅 위에 김치박물관을 세운 이유는 무엇일까?

"김치의 참모습을 일본인들에게 보여드리고 싶었기 때문입니다. 김치의 가장 큰 우수성은 '엄청난 유산균을 갖고 있는 건강 발효 식품'이라는 점입니다. 한반도에서 최초로 김치가 만들어진 것은 신선한 채소를 추운 겨울에도 먹기 위한 것이었습니다. 그래서 김치를 만들 때 비타민과 무기질이 많은 신선한 채소에 고추, 마늘, 파, 생강 같은 양념들이 추가되고 굴, 멸치젓, 새우젓 등 감칠맛 나는 해산물이 첨가되어, 지금의 '인체에 유익한 유산균이 풍부한 건강발효식품'이 된 겁니다.

이러한 이유로 김치는 인체의 면역력 증강과 장 건강에 도움이 되는 효능을 갖고 있고, 특히 패스트푸드와 육식을 많이 먹는 현대인들에게는 아주 유용한 식품이죠. 그래서 10여 년 전에 홍콩에서 사스(SARS)가 유행할 때 '홍콩에 거주하고 있는 한국인들은 김치를 매일 먹어서 사스에 한 사람도 걸리지 않았다'라는 보도가 나올 정도로, 김치가 면역력 증강에 유용한 식품으로 널리 알려진 겁니다.

또한 코로나19 팬데믹으로 고생할 때 김치가 매우 유용하다는 사실을 프랑스의 의학자들도 인정했습니다. 게다가 동네에 함께 사는 이웃 사람들이 서로 힘을 합해 김치를 담구는 전통적인 김장문화가 유네스코의 '인류 무형 문화유산'으로 등록이 되어 었지 않습니까? 그래서 이러한 김치의 전통적인 맛과 효능을 잘 보전하고 전수하는 것이 너무도 중요해졌습니다. 그래서 사이카보에서는 김치의 전통적인 가치와 현대적인 효능을 함께 갖고 있는 오리지널 김치의 맛을 일본 고객들에게 꼭 알려 드리고 싶었습니다. 그래서 도쿄 요츠야(四谷)의 대로변의 값비싼 땅 위에 김치박물관을 만들고 김치 강좌를 시작했던 겁니다"

찾아가는 방법

① 도쿄 스카이트리점 (東京スカイツリー店)

주소 : 東京都墨田区押上1-1-5 東京スカイツリータウン 도쿄소라마치 6층

전화번호 : 03-5809-7108　　영업시간 : 11:00~23:00 (수요일 휴무)

전철역 : 도쿄메트로(東京メトロ) 한조몬선(半蔵門線) 오시아게(押上) 도쿄소라마
치(東京ソラマチ) 6층

② 오사카 한큐 우메다점 (大阪阪急梅田店)

주소 : 大阪府大阪市北区角田町8-7 한큐우메다점 13층

전화번호 : 06-6313-1547　　영업시간 : 11:00~22:00

전철역 : 우메다(梅田)역 한큐(阪急)백화점 13층

③ 오사카 난바점 (大阪難波店)

주소 : 大阪府大阪市中央区難波5-1-18 (다카시마야 8층)

전화번호 : 06-6633-0108   영업시간 : 11:00~23:00

전철역 : 난카이
(南海)난바(難波)역
다카시마야(高島屋)
백화점 8층

④ 사이카보 서울점

주소 : 서울 강남구 도산대로101길 9

전화번호 : 02-517-0108   영업시간 : 11:30~24:00

전철역 : 서울 지하철 7호선 청담역 12번 출구 도보 10분

07

풍성한 해물요리를 제공하는 일본식 해물전문점

마호로바의 대표 김용철

매년 새해가 되면 많은 일본인들이 신사(神社)를 방문한다. 새해에 한국인들이 사찰을 찾거나 혹은 중국인들이 도교의 신을 모시는 도관(道觀)에 들러서 기도하는 것과 비슷한 문화이다.

새해가 되면 오사카가 떠들썩할 정도로 전국에서 많은 사람들이 방문하는 오사카 최대의 신사가 있다. 바로 난바 남쪽에 위치한 스미요시 타이샤(住吉大社)이다. 이 신사를 스미요시 신사가 아닌 스미요시 타이샤라고 부르는 이유는, 이곳이 전국에 있는 2,300여 개의 스미요시 신사를 거느리고 있는 총 본산이기 때문이다.

오사카 도심에서 이곳으로 오는 전철 노선은 3개가 있다.

하나는 난바역에서 난카이본선(南海本線)을 타고 스미요시 타이샤(住吉大社)역에서 내리는 것이고, 또 하나는 난카이 본선이 아닌 난카이고야선(南海高野線)을 타고 스미요시 히가시(住吉東)역에서 내리는 것이다. 또한 텐노지(天王寺)역에서 한카이 전기 궤도(阪堺電氣軌道)를 타고 스미요시 토리이마에(住吉鳥居前)역에서 내리는 방법도 있다.

스미요시 타이샤는 '바다의 안전한 항해를 주관하는 신'을 모시고 있는 신사이다. 섬나라인 일본은 바다 위를 항해하는 선박의 안전이

가장 중요했다. 특히 오사카는 오사카만에 항구를 갖고 있었고, 또한 고대부터 일본의 오랜 수도였던 아스카(飛鳥)와 나라(奈良)와 교토(京都)의 첫 관문이었다.

그래서 해외 무역 거래와 국제 문화 교류가 빈번했던 오사카에서는 항해의 안전이 중요할 수밖에 없다. 특히 스미요시 타이샤는 전국 2,300여 개의 스미요시 신사들을 거느린 총 본산답게, 들어가는 입구부터 사람을 압도할 만큼 그 위용이 대단하다. 스미요시 타이샤는 매년 새해 연휴 기간인 3일 동안에 일본인들뿐 아니라 해외 관광객들까지 포함해서, 무려 270만 명이나 되는 사람들이 방문할 정도로 아주 유명한 신사이다.

바다에서 항해의 안전을 기원하는 스미요시 타이샤 바로 옆에 '오사카에서 가장 풍성한 해산물 요리'를 파는 것으로 유명한 일본 요리 전문식당이 있다.

'사람이 많이 모이는 즐거운 곳'이라는 의미를 가진 상호인 마호로바(まほろば)의 대표인 시바이케 용철 대표와 인터뷰를 시작한 시간은, 서쪽 해가 스미요시 타이샤의 청동색 지붕 위로 뉘엿뉘엿 넘어가는 늦은 오후였다.

"저는 30여 년 전에 스마요시 타이샤가 있는 이곳으로 이사를 왔습니다. 스미요시 타이샤는 바다와 밀접한 삶을 살고 있는 일본에서 굉장히 중요한 곳입니다. 저는 바다와 관련된 중요한 의미가 있는 바로 이곳에서, 넓은 바다에서 나오는 신선한 해산물을 고객들에게 풍족하게 대접하는 식당을 운영하고 싶다는 생각을 했습니다.

지금은 이 식당 바로 앞이 전차와 차량이 달리는 넓은 도로이지만, 옛날에는 식당과 스미요시 타이샤가 연결된 이 도로가 푸른 바다가 보이는 넓은 모래사장이었습니다. 그래서 이 식당의 주소인 히가시코하마(東粉浜)가 '곱고 미세한 모래'라는 뜻을 가지고 있는 겁니다. 이러한 이유 때문에 고대 일본인들이 오사카만의 푸른 파도가 넘실거리는 바로 이곳에, 안전한 항해를 주관하는 신을 모신 스미요시 타이샤를 세운 겁니다.

저는 우리의 인생이 거친 바다를 항해하는 선박과 비슷하다고 생각

스미요시 신사 옆에 위치한 일본식 해물전문점, 마호로바

합니다. 만선의 부푼 꿈을 안고 항구를 출항하는 배들처럼, 우리들도 누구나 청운의 희망을 갖고 사회생활을 시작하죠. 그런데 우리들이 머나먼 인생길을 가다 보면 바다 위를 항해하는 배들처럼 모진 파도를 만나 흔들리기도 하고, 거센 폭풍우에 휩쓸려 침몰의 위기를 겪기도 하고, 또 어떨 때는 따뜻한 햇살과 잔잔한 물결 위에서 순항을 하기도 하지 않습니까?

이처럼 힘든 인생의 항해를 하고 있는 많은 분들에게 '간바레(がんばれ! 힘내!)'라는 의미로 바다에서 나는 신선한 해산물을 푸짐하게 대접하고 싶었습니다. 지금도 저는 함께 일하는 직원들에게 '가장 풍성한 일본 해물요리를 손님들에게 정성껏 대접하자'고 이야기하고 있습니다."

지금은 오사카에서 성공한 요식업체 대표이지만, 시바이케 용철 사장은 대단히 힘들고 어려운 역경 속에서 성장했다. 그의 고향은 한국의 따뜻한 남쪽 지방인 김해이다. 아버지는 한국인이고 어머니는 일본인인데, 그가 초등학교 1학년이었을 때 아버지가 돌아가셨다.

"저의 아버지는 일본의 대학에서 공부한 유학생이었습니다. 그리고 어머니는 유학생인 아버지와 만난 일본인이었습니다. 한국말을 전혀 못 하시던 어머니께서는, 오직 사랑하는 남편 한 사람만 보고 한국으로 이주했습니다. 부부간 금슬이 무척 좋았던 두 분은, 한국에서 정착해 살면서 2남 3녀를 낳았습니다. 아들 중에는 제가 장남인데, 제 위로 누나 두 분이 있고 제 밑으로 남동생과 여동생이 각각 1명씩 있습니다.

아버지가 갑자기 돌아가신 그때는 1970년대 초였습니다.

그 당시는 동네 곳곳에 작은 초가집과 낡은 판잣집들이 즐비할 정도로 많은 사람들이 가난하게 살았습니다. 6·25전쟁의 후유증으로 한국 사회가 아주 어렵고 힘든 시기였지요. 그런데 그때 집안의 가장인 아버지가 갑자기 돌아가셨기 때문에, 어머니와 어린 우리들은 하루하루 산다는 것 자체가 대단한 고통이었습니다. 결국 한국에서 살기가 너무 힘들었던 어머니는 우리들을 모두 데리고 일본으로 올 결심을 하셨죠.

어머니와 제가 오사카로 올 때가 중학교 3학년 때였습니다. 어머니는 겨우 마련한 60만 원을 들고 부산에서 시모노세키(下關)로 가는 배를 탔습니다. 저는 15살에 어린 동생들의 고사리 같은 손을 잡고 어머니와 누나들 뒤를 따라 오사카로 건너왔지만, 일본말도 모르고 일본 글도 전혀 몰랐죠. 그래서 저는 그 당시 재일 한국인들이 많이 다니던 금강학원에 입학해야 했습니다. 저는 금강학원에서 중학교와 고등학교 과정을 모두 마친 뒤에 일본 요리집에 취직을 했습니다. 왜냐하면 홀몸이 된 여성으로 가장 역할을 힘겹게 하시는 어머니를 돕고, 또 어린 동생들의 학비도 제가 벌어야 하는 환경이었기 때문입니다"

시바이케 용철 대표가 어머니와 함께 오사카에 도착했을 때는 6월 하순이었다. 그의 어머니는 여섯 식구가 함께 몸을 눕히기도 쉽지 않을 정도로 비좁은 단칸방을 겨우 빌렸다. 그들은 장마비가 주룩주룩 내리는 오사카에서 옹색한 단칸방 안에서 힘겨운 일본 생활을 시작해야만 했다. 가난 때문에 남들보다 일찍 철이 든 김용철 대표는 고등학교 시절인 10대 후반부터 일본 요리집에서 아르바이트를 했고, 또 고등학교 졸업 후에는 어머니를 돕고 가정의 경제적인 문제를 해결하기 위해 일식 요리집에서 사회생활을 시작했다.

"한국에서 오사카로 이사 온 지가 몇 년 되지 않을 때라서, 일본에 대해서 잘 모르는 부분이 무척 많았습니다. 일본 요리를 배울 때는 생소한 전문용어가 많아서 적응하기가 정말 쉽지 않았습니다. 하지만 저는 한 가지 확신이 있었습니다. 성실하고 정직하게 노력하면, 반드시 저를 알아봐주는 사람이 있을 것이라는 확신이었습니다.

그래서 하루에 3~4시간밖에 못 자도 다른 사람보다 2~3배를 더 노력했습니다. 열심히 노력하니 요리 실력도 점점 늘고, 식당 선배들로부터 조금씩 인정받기 시작했습니다.

저의 가장 큰 요리 스승은 사실 어머니입니다.

제가 한국에서 초등학교와 중학교를 다니던 1960년대부터 1970년
대 초에는 대부분의 한국 사람들이 정말 가난하게 살았지 않습니까?
먹을 것이 너무나 귀하던 그 시절에도 어머니는 저희들에게 창의적인
음식을 만들어 주었습니다. 제가 소풍을 갈 때도 다른 친구들은 둥글
게 만 김밥이나 주먹밥을 싸오는데, 제 어머니는 특이하게도 삼각주
먹밥을 만들어 주셨습니다."

그는 꿈 많은 10대에 일식집 주방일을 처음 시작한 이후 30대가 될
때까지 오직 '앞만 보며 달리는 마라톤 선수'처럼 열심히 일했다. 선
친의 사망 이후 말도 잘 통하지 않는 이국땅 오사카에 정착한 후 '정
직'과 '성실'로 열심히 노력한 덕분에 주변에서 그의 노력을 높이 평
가하는 사람들이 하나둘씩 늘어나기 시작했다.

어느 날, 어떤 식당 주인이 '보증금 없이 월세만 내고 식당 영업을
한번 해 보라'며, 그에게 큰 선의를 베풀었다. 그래서 그가 도움을 받
은 식당에서 열심히 식당 영업을 해서 월세를 꼬박꼬박 냈더니, 그분
은 그 식당의 모든 영업권을 시바이케 용철 대표에게 무료로 넘겨주

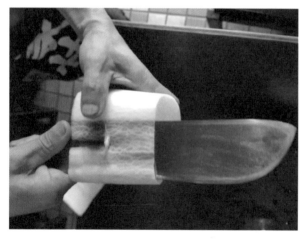

무 속이 비칠 정도로
놀라운 요리 솜씨를
보이는 마호로바 주
방장

주방장이 얇게 썬 사시미 요리

는 너무나 큰 은혜를 베풀었다.

이렇게 본인의 성실한 노력과 주위 분들의 신뢰로 조금씩 경제적 기반을 다질 수 있었다. 그는 드디어 1990년 초에 스미요시 타이샤 인근에 일식 요리집을 개업하게 되었다.

그는 인생을 살면서 좌절하고 절망할 때 좋은 음식이 얼마나 큰 에너지를 주는지를 잘 알고 있었다. 그는 "스미요시 타이샤의 좋은 기운을 받기 위해 이곳에 오는 많은 관광객들이, 제가 정성껏 준비한 풍성한 해물요리를 먹으면서 또 한번의 좋은 기운을 받으면 좋겠다"고 말한다. 그는 그런 마음으로 일본 요리 전문식당인 마호로바를 운영하고 있다.

마호로바의 메인 요리는 신선하고 풍성한 해산물 요리다.

특히 해산물구이, 해물탕, 사시미(刺身, 회)에 정통한 시바이케 용철 대표는 오사카 관광을 오는 관광객들을 위해 '3천 엔으로 푸짐하게 먹을 수 있는 해산물 요리'를 특별히 내놓고 있다. 그는 "이 요리 속에는 한국인과 일본인의 넉넉한 인정과 풍성한 마음을 담았으니 신선한 해산물 속에 있는 좋은 기운들을 많이 받아 가시라"고 말하면서 호탕하게 껄껄 웃는다.

마호로바에서 3천 엔으로 푸짐하게 먹을 수 있는 해산물 요리 속에는 사시미, 스시, 텐푸라(天ぷら, 튀김), 계란찜, 된장국(味噌汁, 미소시루), 일본식 간장으로 양념한 야키니쿠(焼肉, 불고기)가 나오고, 또한 계절별 요리와 상큼한 샐러드와 아나고(アナゴ, 붕장어) 튀김이 함께 나온다. 그 날 김용철 대표가 인터뷰를 위해 준비한 '3천 엔으로 푸짐하게 먹을 수 있는 해산물 요리' 2인분은 스마트폰 사진 한장에 모두 다 담기 어려울 정도로 푸짐했다.

가장 큰 스시 접시에는 장어, 연어, 돔, 참치, 갯장어, 오오토로(おおとろ, 참치뱃살), 가츠오(カツオ, 가다랑어)가 푸짐하게 놓였다. 그 옆에는 구운 아유(鮎, 은어)에 녹색의 유자를 놓은 접시와 특제 대하(いせえび), 가리비조개, 굴, 연어, 노란 성게알 참돔, 갯장어, 참치가 놓인 사시미 접시가 놓였다. 또 문어, 다시마, 게살, 전복, 닭고기, 유자, 오이, 토마토를 놓은 작은 접시와 새우튀김(えびてん, 에비텐) 접시와 입에서 살살 녹는 쇠고기와 계란말이 접시도 놓였다. 사진에 미처 못담은 것은 노란 계란찜과 상큼한 샐러드 접시였다.

그리고 매년 10월, 11월에는 일본인들이 아주 좋아하는 송이버섯 요리와 미야자키산(宮崎産)의 1등급 쇠고기로 만든 쇠고기 샤브샤브와 참돔머리 간장조림을 스페셜 요리로 별도 주문을 받는다. 그래서 "스페셜 요리를 추가로 주문하실 손님들은 꼭 예약을 해주셔야 저희 요리사들이 차질없이 준비할 수 있습니다"라며 전화번호를 필자에게 알려준다.

그의 요리 실력은 젊은 시절부터 꽤나 유명했다. 그는 요즘 한국에서 TV로 방영하고 있는 '백종원의 골목식당' 같은 일본 TV 프로그램

마호로바의 푸짐한
해물요리

에 출연해서 큰 명성을 떨쳤고, 일본 조리사협회에서 사범으로서 활발하게 활동했다. 또한 그의 부인도 일본의 유명한 재즈 가수로 활동했던 뮤지션이다. 그녀는 일본의 여러 도시에서 재즈 공연을 할 때마다 팬들로부터 화려한 장미꽃 바구니를 항상 선물로 받을 정도로 인기가 많았다. 지금 그녀는 남편과 함께 식당을 운영하면서 헌신적인 내조를 하고 있다.

마침 한국 제1의 항구도시인 부산에서 스미요시 타이샤와 마호로바 식당을 찾아온 안영주 씨는 "지난해에 오빠와 함께 이 식당에서 식사를 했는데, 맛있는 식사와 유쾌한 사장님에게 감동받아서 이번에 친정 부모님을 모시고 다시 방문했다"면서 오른손 엄지를 척 들어올렸다.

그리고 "시바이케 용철 사장님께서 특별히 굴 튀김요리와 흰살생선 튀김요리 위에 뿌려 먹으면 정말 맛있는 타르타르 소스(タルタルソース)의 비법을 가르쳐 주셨는데, 집에 가면 꼭 만들어서 가족들과 친구들에게 자랑할 생각입니다."라며, 시바이케 용철 대표가 알려준 타르타르 소스 만드는 비법을 적은 공책을 필자에게 보여주었다.

인터뷰를 모두 끝낸 필자는 식당 바로 앞에 정차하는 텐노지(天王寺)행 전차를 타고 네온사인이 별빛처럼 반짝거리는 밤거리를 지나며, '오늘 먹은 3천 엔의 해물 요리는 단순한 사시미와 스시를 먹은 것이 아니라, 한 남자의 활화산처럼 뜨거운 드라마틱한 인생을 먹은 것 같다'는 생각이 불현듯 들었다.

오사카 해산물 요리에 푸근한 인정을 1+1으로 내놓는 이유는?

필자가 이 책을 쓰기 위해 오사카와 간사이 지방 일대에 있는 수많은 일식요리집을 답사하고 취재했지만, 똑같은 가격에 아지·마호로바처럼 해산물 요리를 푸짐하게 먹을 수 있는 식당은 결코 없었다. 이유는 무엇일까?

필자는 김용철 대표에게 질문을 던질 수밖에 없었다.

"독일의 대문호인 괴테가 '눈물을 흘리면서 빵을 먹어보지 않은 사람과는 인생을 논의하지 마라'라고 하지 않았습니까? 저는 초등학교 1학년 때 아버지가 돌아가신 후 6·25전쟁의 후유증으로 몹시 가난했던 한국의 시골에서 배고픈 어린 시절을 보냈습니다. 그리고 중학교 3학년 때 일본인 어머니와 함께 오사카로 이주한 후에도 단칸방에서 어렵고 힘든 사춘기를 보내야 했습니다. 그래서 저는 인간의 의식주 중에서 식(食)이 얼마나 중요한 의미가 있는지를 누구보다도 잘 알고 있습니다. 특히 중국에서는 의식주가 아닌 식의주라고 하지 않습니까? 뭐니뭐니해도 이 세상에서 '배고픈 설움'이 가장 큰 설움입니다.

저는 오사카를 방문하시는 관광객들에게 영양가 풍부하고, 맛있고, 푸짐한 요리를 드리는 것은 단순히 돈을 받고 음식을 파는 상업적인 행위라고 생각하지 않습니다. 저는 그 음식을 통해 '인간의 따뜻한 정'인 인정을 함께 나누고 싶습니다.

인정이 넘치는 음식은 일단 푸짐해야 합니다. 저희 식당 손님들이 제가 정성스럽게 준비한 음식들을 드시고 '아! 맛있고 다양한 음식을 푸짐하게 잘 먹었다'라고 말씀하시면, 저는 정말 행복합니다.

비록 요즘 사회가 많이 각박해지고 현대인들의 마음도 많이 삭막해졌지만, 저희 식당에서만큼은 '인정이 넘치는 음식을 즐겁게 드시면서 행복을 만끽'하셨으면 좋겠습니다. 그래서 저희 식당 상호를 '사람이 많이 모이는 즐거운 곳'이란 의미를 가진 아지·마호로바로 정한 겁니다."

필자는 푸짐한 음식을 통해 인간의 따뜻한 정을 함께 나누려는 이러한 마음이 있기에, '오사카 상인의 혼이 한결 더 풍성하게 발전하고 있다'는 느낌이 들었다.

일본 해물요리를 맛있게 먹는 법

일본에서는 스시, 생선구이, 텐푸라(튀김), 소바, 우동 등을 먹을 때 반드시 야쿠미(음식에 곁들이는 양념)가 함께 나온다. 그런데 메인 메뉴 옆 따라 나오는 야쿠미를 잘 활용하면 일본의 다양한 해산물 요리를 더욱 맛있고 건강하게 즐길 수 있다.

야쿠미는 메인 요리의 맛의 깊이를 더하고 식욕을 돋우고, 건강에 도움을 주기 위해 요리에 곁들이는 다양한 채소와 건조된 해산물과 과일을 총칭한 것이다. 야쿠미의 종류는 미처 셀 수 없을 만큼 많다.

일반적인 야쿠미는 와사비, 생강, 파, 무즙, 유자, 레몬, 매실, 가쓰오부시, 김, 후추, 산초 등이 있다. 최근에 해외에서 들어와 일본 요리의 야쿠미로 사용되는 것에는 파슬리, 바질, 민트, 고수 등도 있다. 이러한 야쿠미들 중에서 생선구이와 덴푸라와 함께 먹는 것으로는 '다이콘 오로시'가 있다. 이것은 상큼하게 톡 쏘는 맛을 가진 다이콘(무)을 갈아서 만든 것이다. 생선구이를 먹을 때는 젓가락으로 생선살과 다이콘 오로시를 함께 집어서 먹는 게 좋다. 만약 싱겁다고 느껴지면 다이콘 오로시에 간장을 조금 뿌리면 된다.

그리고 덴뿌라를 먹을 때는 다이콘 오로시를 소스에 섞은 후에 덴뿌라를 소스에 찍어서 먹으면 뒷맛이 더욱 깔끔해진다. 생무에는 리파아제와 아밀라제 같은 소화 촉진 효소가 들어있는데, 열에는 약하기 때문에 생으로 먹어야 한다. 생선구이나 기름진 튀김 요리에 다이콘 오로시를 곁들이면 소화에도 효율적이고 깔끔하고 맛있게 먹을 수 있어서 대단히 좋다.

찾아가는 길

마호로바 (まほろば)

주소 : 大阪府 大阪市住吉区 東粉浜 3-11-9

전화번호 : 06-6672-3715

영업시간 : 11:30~22:00 (부정기적 휴무있음)

전철역 : 한카이전기궤도 한카이선(阪堺電軌阪堺線)

스미요시(住吉)역 도보 1분

08 스모선수들의 우정이 만든 감동의 봉선화 식당 이야기

코리아타운의 골목에 위치한 '봉선화 식당'의 여주인은, 한국에서 태어났다. 서울에서 올림픽이 개최되던 1988년에 그녀는 일본인과 결혼하고, 그 해에 일본행 비행기에 몸을 실었다.

오사카에서 딸을 낳은 그녀는 딸이 어느 정도 성장하자, 식당을 할 만한 가게를 찾아 코리아타운으로 들어왔다. 식당을 크게 열기에는 자금이 그리 넉넉하지 못했기 때문에, 그녀는 코리아 타운의 중심길 옆 작은 골목에 '봉선화 식당'을 개업했다.

그러던 어느 날, 봉선화 식당에 색다른 남자 손님이 한 명 들어왔다. 그녀가 깜짝 놀라서 바라보니, 몸무게가 130kg이나 되는 우람한 몸집을 가진 스모 선수였다.

일본의 전통 격투기인 스모는 야구나 축구처럼 일본인들이 사랑하는 일본의 국기(國技)이다. 일본에서 '스모의 성지'는 도쿄 료고쿠(両国) 역 옆에 있는 국기관이고, 선수들은 매년 6회에 걸쳐 전국 순회 경기를 한다. 1월과 5월과 9월에는 도쿄에서 스모 경기가 있고, 7월에는 나고야에서, 11월에는 후쿠오카(福岡)에서 스모 경기가 있다. 그리고 꽃피는 3월에는 오사카에서 보름 동안 스모 경기가 개최된다. 그런데

8. 스모 선수들의 우정이 만든 감동의 봉선화 식당 이야기 **103**

봉선화 식당

그 스모 선수는 오사카 경기를 위해서 며칠 전에 오사카로 들어온 스모 선수 중 한 사람이었다.

그는 지난달에 도쿄의 코리아타운이 있는 신오쿠보역 일대의 한국 음식점에서 식사를 맛있게 한 적이 있었다. 그래서 오사카에 도착해 스모 연습을 하는 틈틈이 오사카 코리아타운에 대해서도 많이 물어보았다. 그리고 주간 훈련이 다 끝난 후에, 그는 지하철을 타고 츠루하시역으로 이동했다. 그리고 츠루하시역에서 나와 온갖 가게들이 미로처럼 골목 안에 옹기종기 모여 있는 츠루하시 시장을 천천히 구경하면서 코리아타운 쪽으로 걸어왔다.

코리아타운으로 들어온 그는 골목에 세워져 있는 돌 해태상과 제주도의 돌하루방을 호기심 어린 눈으로 바라보며 스마트폰으로 사진을 찍기도 했다. 골목 곳곳을 유유자적하게 걸으며 구경도 하고 쇼핑도 하다가 우연히 봉선화 식당으로 들어오게 된 것이다.

거구의 스모 선수가 식당 안으로 들어오자 여주인은 무척 놀랐지만, 곧 마음을 추스리고 스모 선수가 주문한 꼬리곰탕을 만들기 시작했다.

잠시 후 그녀는 스모 선수가 주문한 꼬리곰탕을 1인분이 아닌 3인분이나 탁자에 내놓았다. 덩치가 큰 스모 선수가 식사를 푸짐하게 할 수 있도록, 그녀가 배려한 것이었다. 그리고 스모 선수가 식사하는 도중에 반찬이 떨어지지 않도록 빈 반찬 그릇을 계속 채워 주었다. 그 모습을 본 단골 손님이 '1인분 가격에 그렇게 많이 주면 어떡하냐?'고 걱정하자, 그녀는 '밥장사는 밥만 파는 것이 아니라 인정을 함께 파는 것'이라고 대답했다.

"제가 베푸는 게 아니에요. 제가 공덕을 쌓는 거예요. 밥과 반찬을 정성껏 만들어서 손님들에게 맛있게 드리는 것은, 정말로 보람있는 큰 공덕을 쌓는 거죠. 돈이란 게 뭐, 제가 뒤쫓아간다고 제것이 되나요? 옛말에 '큰 부자는 하늘이 내리고 작은 부자는 부지런하면 된다'고 했잖아요? 저는 사람들과 음식으로 정을 나눌 수 있는 지금이 행복이지 뭐 있겠나요."

그런데 며칠 후, 봉선화 식당에 뜻밖의 손님들이 단체로 몰려왔다. 스모 감독이 10여 명의 스모 선수들과 함께 저녁 식사를 하기 위해 식당을 찾아온 것이다.

그날 봉선화 식당에 들어온 스모 감독은 키타노우미(北の湖)라고 하는 유명한 스모 스승이었다. 그는 평소에 한국에 대한 관심이 남달랐다. 스모계의 유명한 선배들 중에 재일 한국인이었던 역도산(力道山)을 무척 존경했기 때문이다.

역도산은 스모 선수로 활발하게 활동하다가, 일본 프로 레슬링 선수로 변신해서 세계 챔피언에 오른 입지전적인 인물이다. 한국에서는 2004년에 배우 설경구가 주인공으로 출연한 영화 〈역도산〉이 상영되기도 했다.

게다가 그는 평소에도 일본에서 큰 인기를 누리며 활동하던 가수 계은숙과 김연자의 노래를 즐겨 들었고, 가끔 신오쿠보역 인근의 도쿄 코리아타운에서 술자리를 갖기도 했다. 그래서 며칠 전에 스모 선수에게서 오사카 코리아타운의 봉선화 식당 이야기를 듣고는 오늘 훈련을 끝낸 제자들을 모두 데리고 코리아 타운으로 향한 것이다.

조그만 식당 안으로 들어온 그들은 꼬리곰탕을 주문했다. 130~150kg이나 되는 스모 감독과 선수들 10여 명이 탁자에 앉자, 그녀는 꼬리곰탕 30인분을 준비했다. 그날도 그녀는 스모 감독과 스모 선수들이 푸짐하게 먹을 수 있도록 꼬리곰탕을 넉넉하게 내놓았고, 반찬도 무한리필 해주었다.

대부분의 스모 선수들은 그날 한식을 처음 맛보았다. 그런데도 그들은 꼬리곰탕을 맛있게 먹으면서 즐거운 시간을 함께 보냈다. 모두 식사를 끝내고 스모 감독이 카운터에서 계산을 하는데, 꼬리곰탕 30인분 값을 내는 게 아닌가?

"어머! 이건 너무 많은데요?"

"하하! 아닙니다. 오히려 밥값을 적게 드려서 죄송합니다. 저희들이 오사카에 머무는 동안에는 저녁 식사를 이 식당에서 매일 하겠습니다. 자, 내일 다시 오겠습니다."

그녀의 푸근한 인심과 배려하는 마음에 크게 감동한 키타노우미 감독은 봉선화 식당을 스모 선수들의 단골 식당으로 정했다.

이렇게 봉선화 식당 여주인과 인연을 맺은 키타노우미 감독은, 오사카에서 스모 시합이 있는 3월에는 언제나 제자들과 함께 이곳을 찾았다. 그리고 시합이 없을 때에도 오사카 쪽에 출장을 올 때면, 언제나 봉선화 식당을 방문했다. 또한 스모 선수들도 간사이 지방으로 올 때에는 따로 시간을 내서 봉선화 식당을 찾아왔다.

스모 선수들과 더욱 친해진 그녀는, 그들의 애환을 많이 듣고 또 그들과 인간적인 교감을 많이 나누게 되었다. 그녀는 그들과 더욱 친분을 나누고 내밀한 마음속의 이야기를 들으면서, 스모 선수들의 세계를 더욱 깊이 이해하게 되었다.

오사카 스모 대회 포스터

    그리고 그녀는 수십 포기의 배추로 김장을 하기 시작했다. 그것은
몸무게를 불리기 위해 고기를 많이 먹는 그들의 건강을 위해서, 유산
균이 많은 한국 전통식 김치를 먹이고 싶었기 때문이었다. 그래서 그

녀는 잘 숙성된 김치와 맛깔나는 한국식 반찬들을 깨끗하게 포장해서 도쿄로 보냈다.

그는 그들에게 정성껏 만든 김치와 반찬을 보낼 때 어머니의 마음이 가득 담긴 손편지도 함께 보냈다. 그러자 그녀의 따뜻한 인정에 감동한 스모 감독과 선수들도 마음의 선물을 그녀에게 보내기 시작했다.

또한 그들은 매년 3월에 오사카 스모 시합(大阪相撲試合)을 위해 오사카에 도착하면, 오사카의 도심인 난바와 도톤보리 일대에 있는 유명 맛집들을 마다하고 봉선화 식당으로 곧장 달려왔다.

꼬리곰탕으로 시작된 그들의 인연은 잘 숙성된 김치처럼 향기롭게 발효되어 갔고, 그들은 마치 가족과 같은 정을 점점 더 깊이 나누게 되었다.

2천년대 초에 시작한 그들의 우정은 20년이 다 되어 가도록 변함없이 계속 이어졌다. 그들은 서로의 안부를 각별히 챙기고 각자의 꿈을 열심히 응원하면서 더욱 돈독한 우정을 나누었다. 그녀에게 스모 감독과 선수들은 더이상 손님이 아니었다. 기쁨과 슬픔을 공유하고 따뜻한 마음을 함께 나누는 가족이었다.

그러던 어느 날이었다.

그녀는 충격적인 소식을 듣게 된다. 그것은 키타노우미 감독의 돌연한 죽음이었다.

언제나 푸근한 미소를 지으며 환한 얼굴로 식당문을 열고 들어오던 친정 오빠 같은 키타노우미 감독이, 갑자기 건강이 악화되어 사망했다는 것이다. 그녀는 그 소식을 듣는 순간, 온몸이 부들부들 떨렸다. 대경실색해서 얼굴빛이 사색이 된 그녀는 그만 그 자리에 쓰러지고 말았다.

며칠 후, 장례식이 모두 끝났다.

그녀는 한참 동안 봉선화 식당문을 열지 못했다. 키타노우미 감독의 돌연한 사망이, 그녀에게는 마치 수족이 잘린 것 같은 엄청난 아픔이었다. 그녀는 너무나 허무한 마음에 그저 머릿속이 멍하고, 아무 의욕도 생기지 않았다. 너무나 큰 충격을 받은 그녀는, 더 이상 아무런 일을 할 수가 없었다.

"그때 상심이 대단했군요?"

"네. 제가 지금까지 살아오면서 그토록 비통하고, 그토록 마음의 아픔을 크게 느낀 적은, 없었던 것 같아요.

저는 일반인들은 잘 알 수 없는 스모 선수들의 세계에 대해 많이 알고 있잖아요? 철저한 계급사회를 연상시키는 엄격한 스모의 세계에서 오직 몸 하나로 모든 역경과 고난을 헤쳐나가는 그들의 내밀한 속사정을 누구보다도 잘 알고 있었기 때문에, 저는 마음의 충격이 더욱 컸답니다.

게다가 저는 키타노우미 감독님이 자신의 동생 같고 또 아들 같은 어린 선수들을 성공시키기 위해서 밤낮없이 노력하시는 모습을 생생하게 지켜 보았잖아요? 저는 키타노우미 감독님의 깊은 고뇌와 번민과 슬픔을 너무나 잘 알고 있었기 때문에, 그분의 느닷없는 죽음이 무척이나 허망하고 비통했답니다."

그러나 그녀는 모든 일을 중단하고, 깊은 슬픔 속에 잠겨 있을 수만은 없었다. 너무나 애통한 마음에 깊은 우울증에 빠져 있던 그녀는, '스승을 잃고 슬퍼하는 스모 선수들을 내가 위로하고 보듬어 주어야겠다'고 생각했다. 그래서 마음을 가까스로 추스린 그녀는, 봉선화 식당문을 다시 열게 되었다.

다음 해 3월.

스모 선수들이 변함없이 봉선화 식당을 찾아왔다. 키타노우미 감독이 돌아가시고 나서 처음으로 봉선화 식당을 방문했기 때문에, 스모 선수들의 표정은 몹시 어두웠고 분위기는 몹시도 무거웠다. 그래서 그녀는 애써 밝은 표정을 지으며 그들을 한 사람씩 따뜻하게 맞이했고, 더욱 정성껏 요리를 만들어 주었다. 그런데 그날 식당에서 함께 식사하는 스모 선수들 중에 처음 보는 얼굴이 있었다.

키는 190cm였는데, 몸무게는 스모 선수 답지 않게 가벼워 보였다. 그런데 그의 얼굴엔 유달리 수심이 가득했다. 스모 선수들이 오사카에서 머무는 보름 동안 매일 저녁마다 식사를 하러 왔는데, 단 하루도 얼굴에 수심이 없는 날이 없었다.

그래서 그는 마지막 날에 그를 따로 불러서 마음속의 깊은 사연을 찬찬히 듣기 시작했다. 원래 그는 190cm의 높은 키 때문에 배구 유망주였다고 했다. 그래서 그는 세계적인 배구 선수를 꿈꾸며 배구 코트에서 열심히 땀을 흘렸다. 그런데 갑자기 아버지가 돌아가시면서 가세가 급격히 기울어지기 시작했다. 그래서 그는 더이상 배구를 할 수 없는 지경에 이르게 되었다.

그러자 어머니가 나서서 자전거로 신문 배달을 하며 집안을 돌보기 시작했다. 그런데 나이 든 여성의 몸으로 아들을 뒷바라지를 하던 그의 어머니도 얼마 지나지 않아 병에 덜컥 걸리고 말았다.그는 병든 어머니의 약값과 집안의 생활비를 당장 벌어야 하는 절박한 처지가 되었다.

결국 그는 눈물을 머금고 배구 선수의 길을 중도에서 포기해야만 했다. 그리고 극심한 생활고를 겪던 그는, 오직 생활비를 벌기 위해 스모 선수의 길로 들어섰다. 그런데 스모 선수로 좋은 성적을 내기 위해서는 몸무게를 많이 늘려야 하는데, 그것이 쉽지 않았다. 그의 수중에는 중량을 늘릴 수 있는 음식을 푸짐하게 사 먹을 수 있는 돈이 없었고, 또한 병든 어머니와 집안 살림에 대한 걱정 때문에 잠을 제대로 이룰 수조차 없었기 때문이다.

그의 슬픈 사연을 들은 그녀는, 키타노우미 감독의 제자인 그를 아들처럼 뒷바라지하기로 결심했다. 그를 스모 선수로 성공시키기 위해서는, 무엇보다도 몸집을 불리는 것이 최우선이었다. 그래서 그녀는 그때부터 그에게 고기를 후원하기 시작했다. 그녀는 그에게 등심 · 꼬리곰탕 · 삼계탕을 계속 보냈고, 또 격려의 편지와 용돈도 함께 보냈다. 이렇게 되자 외로움을 많이 타고 수심이 가득했던 그 청년은 다시 마음을 다잡고 열심히 훈련에 임하기 시작했다.

어느 날, 도쿄에서 좋은 소식이 전해졌다. 그가 드디어 나고야(名古屋)의 스모 경기에 정식으로 출전하게 되었다는 기쁜 소식이었다. 그의 어머니와 그녀는 나고야에서 함께 응원을 하기로 약속했다. 그래서 그녀는 7월에 나고야 스모 경기에 응원 갈 날만 손꼽아 기다리며, 열심히 장사를 하고 있었다. 그녀는 나고야 행 신칸센(新幹線) 기차표도 예약하고, 나고야에서 스모 경기가 끝난 뒤 그에게 전해 줄 선물도 미리 준비했다.

그런데 나고야 스모 경기를 열흘 남짓 앞둔 어느 날 오후, 도쿄에서 급한 전화가 왔다. 그가 연습 경기를 하다가 뼈가 으스러지는 큰 부상을 입고는 병원으로 긴급 후송되었다는 거였다. 그녀는 그 자리에 털썩 주저앉고 말았다. 지난번에 키타노우미 감독이 돌아가셨을 때처럼 두 손이 마구 떨려 아무 일도 할 수 없었다.

결국 그는 나고야에서 스모 경기를 하는 대신 도쿄의 큰 병원에서 대수술을 받아야 하는 힘든 처지가 되었다. 그녀는 큰 부상을 입고 상심해 있는 그를 뒷바라지하기 위해, 또다시 마음을 추스렸다. 그를 한시바삐 회복시키기 위해, 뼈와 근육의 회복에 도움이 되는 소힘줄을 구했다. 그러고는 식당 주방에서 소힘줄을 6시간 동안 푹 고은 뒤, 그 진액을 잘 포장해서 도쿄로 보냈다. 그녀는 그때부터 1년동안 기도하는 마음으로 정성껏 끓인 소힘줄 진액을 도쿄로 계속 보냈다.

나고야 스모 경기에 출전하는 모처럼의 기회를 불운으로 날려 버리고 깊은 절망감에 빠져 있던 그는 봉선화 식당 여주인의 지극한 보살

핌에 조금씩 회복하기 시작했다. '지성이면 감천'이라 했다. 부상당한 뼈와 근육도 다시 회복되었고, 몸무게도 100kg에서 140kg으로 많이 늘어났다. 그는 재활을 계속 하면서 열심히 훈련에 임했다.

그렇게 스모 훈련을 다시 시작한 지 1년 후, 그에게 오사카 스모 경기에 출전할 수 있는 기회가 다시 찾아왔다. 또다시 찾아온 절호의 기회를 결코 놓칠 수 없다고 생각한 그는 큰 부상의 후유증으로 인한 극도의 고통을 초인적인 인내로 극복하면서 미친듯이 훈련에 매진했다.

드디어 3월.

오사카에 도착한 그는 스모 선수들의 숙소인 사찰에 머물면서 마지막 훈련에 몰두했다. 그는 이번 시합에서 '반드시 우승한 후에 오사카 어머니를 만나겠다'고 굳게 결심했기 때문에, 봉선화 식당으로 달려가고 싶은 마음을 억누르며 오직 스모 훈련에만 매진했다.

드디어 시합 날이 밝았고, 그는 오사카시 나니와구(浪速区)의 오사카 부립 체육관의 한가운데 있는 둥근 씨름판 위에 섰다. 죽기를 각오하는 '잇쇼켄메이(一生懸命)'의 정신으로 둥근 도효(씨름판) 위에 우뚝 선 그는 극도의 긴장감 때문에 온몸의 털이 빳빳하게 서는 느낌이었다. 그는 심호흡을 천천히 하면서 단전에 있는 뜨거운 기운을 두 다리와 두 팔로 보내기 시작했다.

상대방도 한쪽 다리를 옆으로 들어 올렸다가 바닥으로 다시 다리를 내리는 준비동작을 하면서, 매서운 눈길로 그를 쏘아본다. 그러나 그는 더 이상 물러설 수 없었다. 여기서 낙오자가 되지 않기 위해서는 오직 상대방을 지름 4.6m의 둥근 씨름판에서 무릎을 꿇게 만들어야 했다. 아니면 상대방을 씨름판 밖으로 밀어 내야만 했다.

하늘에 두 개의 태양이 존재할 수 없듯이, 씨름판 위의 승자는 오직 한 사람 이외에는 있을 수 없다. 이때 상대방이 두 손을 앞으로 재빨리 내밀며, 그를 향해 갑자기 달려들기 시작했다. 그도 커다란 손바닥을 앞으로 내밀며 앞으로 뛰어나갔다.

스모 전통 복장을 입은 스모 선수들

　두 사람은 마치 육중한 들소가 단단한 뿔을 부딪히듯 거칠게 격돌했다. 두 손바닥으로 상대방의 몸을 거세게 밀어내는 둔탁한 소리. 140kg이 넘는 거대한 몸을 앞으로 이동시키기 위해 재빨리 움직이는 두 발. 핏발 선 두 눈과 거친 호흡 소리.

　두 사람은 그동안 훈련하면서 흘린 땀과 눈물과 운에 모든것을 맡긴 채 상대방을 밀고, 당기고, 버티고, 손바닥으로 때렸다. 매순간 순간이 모두 위기의 연속인 둥근 씨름판 위에서, 그는 아무 정신이 없었다. 그저 본능적으로 손을 내밀고, 허리를 비틀고, 상대방의 어깨를 움켜쥐었다. 그의 귀에는 오사카 부립 체육관의 넓은 좌석을 가득 메운 관중들의 함성도, 응원의 소리도, 환호도 들리지 않았다.

　얼마나 시간이 흘렀을까?

　문득 정신을 차려 보니, 어느새 그의 두 눈에 둥근 씨름판 밖으로 밀려나 거친 숨을 헐떡이는 상대 선수가 보이는 게 아닌가?

그가 우승을 한 것이다.

그제서야 장내 아나운서의 흥분한 음성과 관중들의 힘찬 환호 소리가 그의 귀에 들어오기 시작한다. 그는 얼른 고개를 돌려 관중석을 바라보았다. 눈물 가득한 그의 두 눈 사이로 환호하는 두 어머니의 모습이 들어왔다.

"정말! 장하십니다. 어떻게 20년이나 되는 긴 세월 동안 스모 선수들과 그토록 깊은 정을 변함없이 나눌 수 있었나요?"

그녀에게 물었다.

"어머니의 마음이었으니까요!"

"어머니의 마음요?"

"네! 어머니의 마음은 넓은 대지와 같다고 생각해요. 대지는 모든 것을 다 품어 주잖아요? 높은 산도, 깊은 계곡도, 거친 바위도, 흐르는 강물도……. 대지는 그런 모든 것들을 다 품어 주기 때문에, 대지는 온갖 생명들을 다 키울 수 있죠. 이 세상에서 생명보다 더 귀한 것은 없지 않나요?"

"생명을 키우기 위해 헌신과 희생을 마다하지 않는 어머니의 마음에 대해 말씀하시니, '신께서 모든 인간을 다 보살필 수가 없어서, 자신을 대신할 존재로 어머니를 만드셨다'는 이야기가 생각나는군요. 어머니께서 이토록 큰 공덕을 쌓으셨으니, 하늘이 무심치 않으면 반드시 큰 복을 받으실 겁니다."

"오사카는 천오백 년 전부터 한반도의 백제인들과 깊은 인연을 맺은 땅이잖아요? 아득한 옛날에 한반도를 출발한 백제인들이 배를 타고 머나먼 바닷길을 항해해서 오사카에 도착했을 때, 얼마나 힘들었겠어요? 거친 파도를 헤치며 항해한 우리 선조들의 고단한 몸을 쉬게 하고, 생업을 위해 일을 하게 하고, 또 가슴속의 꿈을 이룰수 있도록 따뜻하게 품어준 땅이 바로 오사카죠. 88올림픽이 열리던 1988년, 제가 일본인 남편을 따라 꿈을 쫓아 정착한 곳도 오사카였죠. 역사는 그

인정과 푸근한 미소가 닮은 서영애 사장과 스모 선수

렇게 이어지고, 인연은 또 그렇게 계속되는 것 같아요. 제가 스모 선수들과 맺은 우정은 그들을 통해서 또 다른 분들에게 전달될 거잖아요? 저는 그걸로 만족해요."

봉선화 식당 서영애(일본명 시마다 아이코) 사장님의 마지막 말이 오랫동안 귓가에 맴돌았다.

　필자가 오사카의 성공한 CEO들 수십 명과 인터뷰하기 위해, 지난 3년 동안 오사카 일대를 구석구석 답사하면서 알게된 사실이 하나 있다.

　그것은 일본의 천년 수도였던 교토 인근 지역으로만 인식하고 있던 오사카가 사실은 일본의 수도였다는 사실이다.

　대부분의 해외 관광객들은 역사적으로 아스카(飛鳥)·나라(奈良)·교토(京都)·도쿄(東京)가 일본의 수도였다고 알고 있다. 그런데 놀랍게도 오사카 역시 일본의 역대 수도 중 하나였다.

　오사카는 내륙 최대의 호수인 비와호(琵琶湖)에서 교토를 거쳐 남쪽으로 내려오는 강물과 오사카만의 검푸른 파도가 함께 만나는 수륙 교통의 요지에 세워진 물류와 유통의 중심도시였다. 그래서 오사카는 고대부터 무역과 상업이 번창하는 항구도시였다. 5세기 무렵에 '나니와쓰(難波津)'가 있는 강변에 대형 창고가 16동이나 건설되었으며, 6세기에서 7세기 무렵에는 오사카의 항구 인근에 부유한 호족들의 저택, 관공서, 상업 시설들이 세워졌다.

　오사카가 이렇게 무역과 상업의 중심도시로 번영을 누리던 645년, 고토쿠 천황은 '일본 최초의 야마토(大和) 정권'이 있던 아스카(飛鳥)에서 오사카로 수도를 옮기게 된다. 그때 오사카에 건립된 궁전이 바로 나니와노미야(難波宮) 궁이다.

제2부

오사카 상인들의 꿈과 열정

01

173년의 역사를 자랑하는 다시마 반찬 가게

주식회사 오쿠라야 야마모토의 대표이사 야마모토 히로시

2018년 새해가 시작되면서 한국의 유명한 배우인 김명민이 주인공으로 출연한 특집 드라마 한 편이 많은 사람들의 주목을 받았다. MBC-TV에서 총 20부작으로 방영한 이 드라마는 〈다시 만나는 하얀 거탑〉이다.

2018년 1월부터 이 TV드라마가 한국의 수많은 시청자들로부터 크나큰 관심을 끌게 된 이유는, 11년 전인 2007년 1월부터 3월까지 전국적으로 폭발적인 인기를 끌었던 주말 드라마인 〈하얀 거탑〉을 리마스터(Remaster)했기 때문이었다.

김명민은 폐쇄적이고 봉건적인 대학병원에서 권력과 명예욕과 위선으로 가득 찬 천재 의사의 무모한 폭주와 허무한 종말을 개성있게 연기했다. 〈하얀 거탑〉은 그 당시 20.8%의 높은 시청률을 달성했다. 이 인기 TV드라마의 일본인 원작자가 '오사카의 유명 다시마 기업인 오쿠라야 야마모토(小倉屋山本)와 깊은 관련이 있다는 사실'을 독자들에게 전할 수 있어서 필자는 대단한 기쁨과 보람을 느낀다!

〈하얀 거탑〉의 원작자는 오사카 출신의 소설가 야마사키 토요코(山崎豊子)이다. 교토여자대학교(京都女子大學)를 나와 마이니치 신문사(每日

新聞社)에서 기자로 근무했던 그녀가 쓴 장편소설의 제목이 바로 『하얀거탑』(白い巨塔)이다. 야마사키 토요코가 1963년부터 연재를 시작했던 이 소설은 한국에서 2005년에 번역 출간되었고, 2007년에는 MBC-TV의 주말 드라마로 방영되면서 많은 인기를 모았다.

야마사키 도요코의 작품 중 『하얀거탑』 외에도 한국인과 관련이 깊은 작품이 또 있다. 그 작품은 바로, 『불모지대』이다. 이 소설은 중일전쟁과 러일전쟁을 거치면서 동토의 땅인 시베리아에서 무려 11년 동안이나 전쟁 포로로 잡혀 있었던 실존 인물에 관한 이야기이다.

이 소설은 남자 주인공이 시베리아의 감옥에서 석방된 후에 일본의 대기업에 입사해서, 뜨거운 열정과 과감한 추진력으로 고속승진을 계속해 결국 회장이 된다. 실존 인물인 세지마류조(瀬島龍三)의 입지전적인 삶을 바탕으로 일본의 수출주도형 종합상사의 형성과정을 박진감 있게 묘사한 경제소설이다. 이 소설은 2009년에 일본 후지TV 개국 50주년 기념 드라마로 제작되었고, 전 일본 열도에 방영되어 큰 인기를 누렸다. 소설의 주인공인 세지마류조는 한국 정부에 한국의 발전

을 위해 일본과 같은 수출 주도형 종합상사 체제를 구축할 것을 최초로 제안했고, 또 1964년에 도쿄 올림픽 개최를 통해 새로운 도약을 한 일본처럼 대한민국도 서울 올림픽을 유치할 것을 제안한 인물이다.

이처럼 한국과 깊은 관련이 있는 작품『하얀거탑』과『불모지대』의 작가인 야마사키 토요코가 일본인의 소울푸드인 다시마를 소재로 한 소설『노렌(暖簾)』을 발표한 것은 1957년이었다. 야마사키 도요코의 첫 장편소설인『노렌』은, '오사카 인근의 작은 섬인 아와지시마(淡路島)가 고향인 어린 소년이, 오사카 센바(船場)에 있는 다시마 가게에 취직한 뒤, 인생의 온갖 풍상과 역경을 뜨거운 열정과 불퇴전의 용기로 극복하고 다시마 상인으로 성공하는 이야기'를 섬세하면서도 서정적

173년 된 노포를 취재한 정준 작가와 일본인 임 직원

인 문체로 묘사한 이야기이다. 1958년에 소설 『노렌』은 동명의 영화로 제작되어 대히트를 쳤고, 또 연극으로도 상연하여 선풍적인 인기를 누렸다.

『노렌』을 읽은 독자들은 물론이고, 영화와 연극을 통해 다시마 장인들의 감동적인 모습을 생생하게 지켜본 수많은 일본의 시청자들은 다시마를 사기 위해, 오사카의 신사이바시 지하철역 인근에 위치한 반찬가게 오쿠라야 야마모토(小倉屋山本)로 모여들었다. 왜

주식회사 오쿠라야 야마모토의 대표이사 야마모토 히로시

냐하면 소설 『노렌』을 영화와 연극으로 만든 작품에 등장하는 다시마 가게 나니와야(浪花屋)가 바로 오쿠라야 야마모토였기 때문이었다.

소설의 제목인 '노렌'은, 오사카 센바(선장)지역에서 무려 173년 동안 대를 이어가며 다시마 반찬 가게를 소중히 지켜온 오쿠라야 야마모토 식구들에게 잘 어울리는 제목이었다. 일본 상점의 입구에 다양한 그림과 글자를 인쇄해서 내거는 홍보물을 노렌이라 하는데, 이는 일본 상인들의 드높은 자존심이기 때문이다.

일본 상인들에게 노렌은, 마치 성을 보유한 영주 가문의 문장(紋章)처럼 아주 의미있는 것이다. 상인이 노렌을 가게 입구에 내거는 것은 곧, 영주가 자신이 소유한 성을 사람들에게 알리는 것과 같다. 고객들이 가게를 출입하면서 노렌에 자연스럽게 묻게 되는 사람들의 땀과 손때와 점점-바래가는 색깔은, 그 가게의 역사와 추억과 세월이 깃든 설치 예술품이기도 하다. 그래서 일본 상인들은 노렌을 매우 소중하게 생각하고, 세월과 함께 나이 들어가는 오래된 노렌을 더욱 가치있

게 여긴다.

그러면 야마사키 토요코는 어떻게 해서 다시마의 채취부터 건조, 그리고 다시마 장인들의 정성스러운 가공과 판매 과정을 그토록 사실적으로 묘사할 수 있었을까? 그건 오사카 센바(船場)에 있던 유명한 다시마 가게인 오쿠라야 야마모토(小倉屋山本)의 3대 대표인 야마모토 리스케(山本利助) 사장이, 야마사키 토요코의 오빠였기 때문이었다.

4대 대표 야마모토 히로시 대표는 인터뷰에서 이렇게 말한다.

"1848년에 창업한 오쿠라야 야마모토는, 지난 173년 동안 홋카이도 도남산의 다시마를 다양한 방법으로 가공해서 최상의 상품으로 만드는 외길을 걸어온 오사카의 유명한 노포입니다. 제 고모인 소설가 야마사키 토요코는 집안의 오랜 가업인 다시마의 생산과 가공과 유통에

수십 종의 다시마 반찬이 정갈하게 진열된 오쿠라야 야마모토 내부 사진

대해 그 누구보다도 잘 알고 있었기 때문에, 다시마 장인들의 혼(魂)과 열정에 대해 섬세하면서도 사실적인 묘사가 가능했던 것입니다.

일본인의 소울푸드인 다시마의 주요 생산지는, 신비로운 북방의 섬 홋카이도의 푸른 바다입니다. 러시아의 캄차카 반도 남서쪽에 위치한 홋카이도 주변 해역에는 시베리아의 엄청난 눈과 얼음이 녹은 물이, 아무르 강과 우수리 강을 따라 북태평양의 오호츠크해로 쉴새 없이 흘러 듭니다. 그래서 홋카이도 해역을 흐르는 한류(寒流)인 쿠릴 해류는 시베리아의 내밀한 속살을 타고 내려온 다양한 영양분으로 가득합니다. 홋카이도산 다시마는 거센 바람과 차가운 파도가 휘몰아치는 북방의 바닷속에서 시베리아의 엄청난 눈과 얼음 속에 녹아 있는 풍부한 자양분을 먹으며 성장한, 일본의 대표적인 '건강 장수 식품'입니다."

다시마의 영양에 관해서

다시마 속에는 16%의 수분과 함께 7%의 단백질이 포함되어 있다. 단백질의 주요 성분 중에서 '라미난'이란 아미노산은 혈압을 내려주는 효과가 있다. 또한 49%를 차지하는 탄수화물 중에서 20%가 수용성이 뛰어난 식물섬유이기 때문에 불필요한 지방의 흡수를 억제해서 내장지방의 증가를 막고, 장운동을 활발히 해서 인체의 쾌변활동을 돕는다. 특히 다시마 특유의 끈적끈적한 수용성 식물섬유 속에 들어 있는 '후코이단(Fuco idan)의 효능'은 대단히 경이롭다.

홋카이도대학(北海道大學), 와세다대학(早稲田大學), 류큐대학(琉球大學) 등에서 심도 깊게 연구한 자료들에 의하면, 후코이단은 혈관에서의 콜레스테롤의 배출을 촉진한다. 후코이단(Fucoidan)의 이러한 역할 때문에 심각한 혈관 질환인 뇌졸중과 심장마비를 예방하는 효능이 있다.

후코이단은 혈압 상승 억제와 혈당 상승 억제 작용 때문에 고혈압과 당뇨에도 도움이 된다. 그리고 항균 작용, 항바이러스 작용, 항종

양 작용, 위궤양 치료 촉진 작용이 있어서 암의 예방과 치유에도 많은 효과가 있는 것으로 밝혀졌다.

일본의 주부들이 다시마를 좋아하는 또 하나의 이유는, 다시마 속에 다양한 국물 맛의 원천이 되는 글루타민산이라는 아미노산이 들어 있기 때문이다.

글루타민산은 다양한 국물 요리의 맛을 더욱 깊고 감칠나게 만드는 '천연 조미료의 핵심'이며, 또한 위를 기분 좋게 자극해서 위의 활동을 활성화시키고 소화기능을 촉진해서 식후의 만족감을 상승시킨다. 이것은 20여 종류의 아미노산들 중에서 오직 글루타민산에만 있는 주요 효능이다.

비만, 당뇨, 고혈압, 고지혈 등을 비롯한 각종 혈관 질환과 면역력 강화에 효능이 있는 다시마는 바다가 인류에게 선물하는 위대한 '안티에이징(antiaging)식품'이다.

173년 된 노포의 비법으로 만든 유명한 다시마 반찬들

다시마의 일본식 이름은 콘부(昆布, コンブ)로, 신비로운 북방의 섬인 홋카이도와 알류우산 열도 일대에 살던 원주민인 아이누족(アイヌ族)이 불렀던 이름이다. 『속일본기(續日本紀)』의 기록에 의하면 7세기에서 8세기경에 홋카이도산 다시마가 왕실에 헌상되었다. 한편, 7세기경부터 약 1천 년에 걸쳐 오키나와와 중국에까지 전해진 다시마는 연말 선물과 혼례품으로 큰 각광을 받았다.

왜냐하면 다시마를 뜻하는 콘부라는 말에 양로(養老)를 뜻하는 말을 앞에 붙이면(養老昆布) '요로코부(喜ぶ, 기뻐하다)'와 발음이 유사하고, 또 다시마의 옛 명칭인 '히로메(ヒロメ)'가 '넓힌다'라는 재수 좋은 의미를 가진 '히로메루(広める)'와 발음이 유사하며, 또한 '자손번창을 기원하는 코세이후(子生婦)'와도 발음이 유사하기 때문이다.

그래서 다시마는 일본인들이 새해에 먹는 특별한 음식인 오세치요리(おせち料理)에서 '한 해의 재수와 행복'을 상징하는 재료이다. 특히 예전에 장수 지역으로 이름을 알린 오키나와인들은 일본 열도에서 다시마 소비를 가장 많이 했다. 오키나와에서는 다시마와 돼지고기를 함께 찌는 전통 요리를 즐겨 먹었는데, 이것은 필요 이상의 돼지기름 흡수를 억제하는 절묘한 조합이었다.

다시마 속에는 혈압이 높아지는 것을 제어하는 성분인 카리움이 야채만큼 많이 들어 있고, 맛의 풍미를 높이는 글루타민산은 혈압을 높이는 소금의 섭취를 줄이는 효과가 있다. 그래서 일본 전역에서 제1위의 다시마 섭취량을 자랑하던 오키나와인들은 소금 섭취량이 일본에서 가장 적었다.

다시마는 산지에 따라 맛, 찰기, 크기, 두께가 서로 다르다. 그래서 다시마의 종류에 따라 쪄서 반찬으로 만들 것인지, 국물을 내는 데 사용할 것인지를 잘 선별해야 한다. 그리고 가공용 다시마도 밥에 얹어 먹기에 가장 좋은 시오후키 다시마(塩吹昆布), 반찬으로 먹는 식초 절임 다시마(酢昆布), 토로로 다시마(とろろ昆布), 오보로 다시마(おぼろ昆布)

등으로 분류된다.

또한 일본에서는 일본의 대표적인 건강장수 식품인 다시마를 어린이들이 많이 먹을 수 있도록 매년 11월 15일을 '다시마의 날'로 정했다. 그리고 전국 각지에서 영양이 풍부한 홋카이도산 다시마 관련 이벤트를 하고 있다.

"오쿠라야 야마모토의 다시마 제품들이 일본 국민들의 사랑을 오랫동안 받아온 이유 중에는 가장 품질이 좋은 홋카이도 도남산의 생다시마를 사용하고, 또 그 다시마들을 볶고, 삶고, 감칠 맛을 듬뿍 담는 전통 요리법을 오랫동안 계승해 왔기 때문입니다."

오쿠라야 야마모토의 대표상품 에비스메

"특히 엄선된 소재를 사용해서 다시마 장인의 기술로 정성껏 생산한 오쿠라야 야마모토 전통의 명품 제품 중에는 '에비스메(えびすめ)'가 있습니다. 이 제품은 제3대 대표인 야마모토 리스케(山本利助) 사장이 제2차 세계대전 기간 동안 계속된 오사카 공습으로 인해 가게가 소실된 이후, 오쿠라야 야마모토를 다시 재건할 때 독자적으로 연구해서 개발한 다시마 제품입니다.

종전 후 오쿠라야 야마모토의 재기를 위해 최선을 다한 야마모토 리스케 사장의 혼이 담긴 에비스메는 홋카이도 도남산의 생다시마 가운데에 있는 두툼한 부분을 엄선해서 다시마 장인들이 정성껏 만든 것으로, 깊은 풍미와 독특한 맛을 갖고 있는 오쿠라야 야마모토의 명품 제품입니다."

참고로 에비스메는 다시마의 일본 고어이다.

다시마 조림인 츠쿠다니 다시마(佃煮昆布) 제품은 도남산의 천연 다시마를 화학조미료와 방부제를 일절 사용하지 않고, 볶아서 삶은 뒤 맛을 듬뿍 넣는 요리비법으로 정성껏 만든 제품이다. 그래서 오쿠라야 야마모토에서는 홋카이도의 도남산 천연 다시마를 하역할 때 모습

먹기 아까울 정도로 예쁘게 포장된 다시마 반찬들

을 그린 판화인 "에이다이하마(永代浜) 풍경"을 볼 수 있다.

한편, 오쿠라야 야마모토에서 생산되는 에비스메를 비롯한 10여 개의 다시마 제품들이 '오사카산 명품(大阪産名品)'에 인정되어 오쿠라야 야마모토의 다시마 제품들이 일본 전국에 다시 한번 널리 알려지는 계기가 되었다.

오쿠라야 야마모토 본사는 오가닉 빌딩

그런데 오쿠라야 야마모토는 다시마 제품을 가공하는 일본 전통 기업일 뿐 아니라, 오사카의 문화를 바꾸어 나가는 문화기업이기도 하다. 제4대 대표인 야마모토 히로시 사장은 세계적인 도시로 발돋움하고 있는 자신의 고향인 오사카에 문화적으로 기념비적인 건물을 세우고 싶다는 생각을 현실화했다.

특히 오쿠라야 야마모토가 위치한 신사이바시역 일원은 세계 각국의 관광객들이 연중 내내 꾸준하게 방문하는 오사카의 중심 지역이

다. 신사이바시역 옆에 있는 도로인 미도스지(御堂筋) 도로는 오사카 최대의 간선 도로다. 오사카의 중심을 흐르는 요도가와(淀川)의 남쪽 도심인 난바(難波)와 북쪽 도심인 우메다(梅田)를 연결한다. 신사이바 시역 인근에는 고급스런 쇼핑 거리인 신사이바시스지(心斎橋筋)가 있고, 또 해외 각국의 젊은이들이 찾아오는 청춘의 거리인 아메리카 무라(アメリカ村)와 유럽 무라(ヨーロッパ村)가 위치하고 있다.

야마모토 히로시 사장은 오사카 비즈니스의 중심이자 관광의 중심인 신사이바시역 인근에 세계인들에게 감동을 줄 수 있는 생태를 주제로 하는 빌딩을 건축하기로 결정한다.

그래서 그는 이탈리아의 유명한 건축 설계자인 가에타노 페셰(Gae-tano Pesce)를 만났다. 가에타노 페셰는 1990년에 도쿄에서 개최한 〈크리에이티브 이탈리아(Creative Italy)〉 전시회에서 이탈리아의 건축 문화를 방대한 디자인으로 소개한, 매우 철학적이면서도 예술가의 기질을 가진 건축가이다. 야마모토 히로시 사장의 뜨거운 의지와 가에타노 페셰 건축가의 탁월한 예술성이 함께 어우러져 지어진 건물이 바로, 신사이바시에 있는 '오가닉 빌딩(オーガニックビルOrganic Building)'이다.

"오가닉 빌딩의 가장 큰 특징은 관광객들의 시야를 압도하는 외관입니다. 이 빌딩을 처음 본 사람들은 거대한 대나무를 연상시키는 구릿빛 빌딩에 132그루의 나무들이 마치 분재처럼 132개의 화분에 심어져 수직으로 뻗어 있는 모습에 모두들 두 눈이 휘둥그레집니다. 그것은 마치 거대한 대나무와 녹색의 분재들이 함께 만드는 복합예술작품을 보는 것 같습니다.

'세계 7대 불가사의 건축'의 하나인 메소포타미아의 수직 정원 양식을 도입한 이 건물은, 녹지와 건축과 사람의 공존을 보여주면서 '이 세상의 모든 생명체는 혼자 살 수 없으며, 대자연과 공존하면서 유기적으로 맞물려 살아간다'는 자연의 메시지를 현대인들에게 강렬하게 전해줍니다.

오쿠라야 야마모토에서 건축한 친환경 오사카 오가닉 빌딩

그리고 오가닉 빌딩에는 3m 사방의 벽에 80cm 폭으로 화분을 심을 수 있는 구멍을 설계해서 세계 각국에서 가져온 132그루의 수목을 심었는데, 모든 화분의 형태와 종류를 다르게 만들었습니다. 또한 벽면 사이에 설치한 샷시도 대나무를 연상시키는 직선형으로 제작했고, 132개의 화분은 전자식 타이머로 자동급수를 하고 있습니다. 이 빌딩의 모형은 이스라엘에 있는 텔 아비브 미술관에도 전시되어 세계적인 아트 건축으로서 인정을 받았습니다."

오사카 신사이바시의 새로운 관광자원이 되어 국내외 관광객들로부터 경이로운 시선을 받고 있는 오가닉 빌딩은, 오쿠라야 야마모토 신사이바시 본점 가게 옆 1~2분 거리에 위치하고 있다.

오사카 다시마 가게가
세계적인 오가닉 빌딩을 세운 이유는?

일본 열도의 최북단인 홋카이도에서 체취한 자연산 다시마와 그 다시마를 통해 삶을 이어가는 인간의 이야기가 문학을 통해 다시 태어나고, 또 그것이 영화와 TV의 아름다운 영상으로 재탄생하면서, 오쿠라야 야마모토는 오사카에서 아주 유명한 다시마 기업이 되었다.

그런데 오쿠라야 야마모토는 그러한 명성을 통해 벌어들인 큰 수익을 또 다른 상업적인 용도로 사용하지 않았다. 세계적인 건축 설계자와 함께 머리를 맞대고 자손대대로 환경의 중요성을 길이길이 남길 수 있는 기념비적인 오가닉 빌딩을 건축하는 데 온 정성을 다했다.

제4대 대표인 야마모토 히로시 대표는 "저는 고향인 오사카를 정말 사랑합니다. 그런데 전세계 관광객들이 찾아오는 오사카에 상업적인 건축물들만 너무 많이 있는 것이 몹시 안타까웠습니다.

왜냐하면 오사카는 '물의 도시'라는 말이 있을 정도로 아름다운 하천과 강과 습지가 많은 자연친화적인 도시였습니다. 게다가 오쿠라야 야마모토가 있는 이 자리가 지금은 명품과 쇼핑가게들이 즐비한 신사이바시의 중심이지만, 예전에는 여기가 오사카의 센바였습니다. 그리고 바로 북쪽에 있는 나카노지마(中之島)와 오사카성 일대는 강과 성과 녹지가 아름다운 전원지대였죠.

그래서 저는 오사카를 찾아오는 국내외의 수많은 관광객들에게 오사카의 현대적인 모습도 좋지만, 오사카가 원래 갖고 있던 생태의 아름다움과 자연의 소중함을 상기시키는 의미있는 장소를 만들고 싶었습니다. 그래서 오쿠라야 야마모토 가게 옆에 오사카 오가닉 빌딩을 지은 겁니다."

필자는 야마모토 히로시 대표와 인터뷰를 마치고 헤어지면서, 깊은 감명을 받았다. 왜냐하면 야마모토 히로시 대표가 마음속에 갖고 있는 '어떤 사람들 눈에는 다소 엉뚱해 보일 수 있지만, 오사카에 대한 지극한 애정을 색다른 시각으로 실천하고 또 이것을 통해 고객들과 좀 더 대승적인 차원에서 소통하고 교류하고 싶다'는 깊은 철학과 올곧은 정신이 있었기 때문이다. 이러한 정신이 유구한 오사카의 역사에 새로운 매력을 만드는 진정한 오사카 상인의 혼(魂)이 아닐까?

찾아가는 길

오쿠라야 야마모토(小倉屋山本 本店)

주소 : 大阪市中央区南船場4丁目10番26号

전화번호 : 06(6251)0026

찾아가는길 : 미도스지센(御堂筋線) 신사이바시(心斎橋)역
3번 출구 도보 5분

홈페이지: http://ogurayayamamoto.co.jp/

02 320년 된 화과자 노포, 츠루야 하치만

주식회사 츠루야 하치만의 대표 이마나카 치에이

작은 나무대문이 천천히 열리자, 말쑥한 양복차림의 일본인 남녀들 수십 명이 줄을 지어 문 안으로 조심스럽게 발을 옮긴다.

나무대문 안에는 납작한 돌들이 편안하게 깔려 있는 작은 오솔길이 마술처럼 나타나고, 오솔길 옆에는 녹색의 풀과 이끼가 군데군데 보인다. 오솔길이 끝나는 오른쪽엔 작고 아담한 초옥 한 채가 부끄러운 듯 서 있다. 그쪽으로 조심스럽게 발길을 옮긴 그들은, 허리를 깊이 숙이고 두 무릎을 구부려야만 겨우 들어갈 수 있는 작은 문 안으로 천천히 들어간다. 문 안에는 다다미가 깔려 있는 작은 방이 있고, 방 안쪽의 오래된 주전자 속에는 뜨거운 물이 보글보글 끓고 있다.

곧이어 기모노(着物)를 입은 일본 여성이 자리에 살며시 앉더니 갈색의 예쁜 찻잔 속에 말차(抹茶, まっちゃ)를 타고는, 그 안에 뜨거운 물을 부어 말차를 천천히 차선으로 저어 준다. 그러자 작고 아담한 방 안에는 맑고 그윽한 말차의 향기가 은은하게 퍼지기 시작한다. 다다미 위에 앉아 있던 그들은 두 손으로 감싼 따뜻한 찻잔을 천천히 기울여 짙은 녹색의 말차를 입안에 머금고는, 두 눈을 살포시 감은 채 차의 그윽한 향기와 맛을 음미하기 시작한다.

다도(茶道)를 사랑하는 일본인들이 한적한 다실에 모여 앉아 일본의 다성(茶聖)인 센리큐(千利休)가 완성한 와비차(侘び茶)의 깊고 그윽한 다선일체(茶禪一體)의 세계에 빠져 들고 있다. 여기는 놀랍게도 깊은 산속의 사찰이나 신사(神社)가 아니라 오사카의 복잡한 도심 속이다.

이곳은 오사카 남부 최대의 도심인 난바(難波)에서 오사카 북부 최대의 도심인 우메다(梅田)로 이어지는 폭 44m에 길이 4km의 간선도로인 미도스지(御堂筋) 도로 인근의 빌딩 밀집지역이다. 주변에는 대기업과 금융기관들이 입주한 대규모 빌딩들이 즐비하고, 거리엔 말쑥한 정장차림의 젊은이들이 서류가방을 들고 부지런히 오간다. 오사카의 도심 한가운데에 일본의 다성인 센리큐의 전통 다실을 완벽하게 재현

320년 된 노포 화과자 가게를 취재한 정준 작가와 일본인 임직원들

하고, 고객들을 대상으로 와비차의 향기가 가득한 신비로운 체험을 선사하는 이곳은 어디인가. 바로 오사카에서 320년 전에 창립한 츠루야 하치만(鶴屋八幡) 화과자이다.

츠루야 하치만 화과자 창립의 역사는 에도막부 시대인 1702년으로 올라간다. 최초에 가게를 개업할 때 상호는 토라야(虎屋)였다. 그 당시 토라야의 화과자가 오사카는 물론이고 간사이 지방에서 얼마나 유명했는지는, 에도 말기의 유명한 문학가인 기타가와 모리사다(喜田川守貞)가 집필한 수필 「모리사다만코(守貞謾稿)」에 잘 표현되어 있다. 당시 가게의 모습은 니와토게이(丹羽桃渓)가 그린 『셋슈명소그림책(摂津名所圖会)』에 잘 나와 있는데, 토라야 화과자 가게가 손님들로 성황을 이루는 모습이 그려져 있다.

특히 이 가게에서는 일본의 화과자 중에서도 부드러운 밀가루 반죽 속에 달콤한 팥소를 넣어서 찐 만쥬(饅頭)가 유명했다. 설탕이 무척 귀하던 시절이었다. 토라야는 일본이 네덜란드와 무역하던 유일한 국제 항구였던 나가사키(長崎)의 데지마(出島)에서 들여온 설탕과 팥을 사용해서 만쥬를 만들었다. 토라야의 만쥬는 오사카의 다른 가게에서 팔던 것보다 훨씬 비쌌음에도 불구하고 문전성시를 이룰 정도로 인기가 높았다.

수필 「모리사다만코」의 기록을 보면 "손님을 대접하거나 증정용으로 만쥬를 보낼 때 토라야가 아닌 다른 가게의 만쥬를 구입하는 것은 수치였다"라고 할 정도로 토라야의 화과자는 오사카 시민들에게도 큰 자부심이었다.

에도시대 당시 이 가게가 있는 고려교(高麗橋: 고라이바시) 주변에 거주하는 노인분들이 '오사카의 명물'인 토라야 화과자의 만쥬를 구입해서 맛을 음미하는 품평회를 개최할 정도였다. 또한 그 당시에 오사카에서 '최초의 상품우표(切手)'를 발행할 때 우표의 모델이 바로 토라야에서 파는 만쥬였다.

봄을 맞이해서 벚꽃
을 테마로 만든 아름
다운 화과자 상품

　이처럼 오사카 시민들의 깊은 사랑을 받으며 운영되던 토라야에 큰
위기가 찾아온 것은 에도시대 말기였다. 그때는 에도 막부의 정세 불
안이 심할 때였는데, 건강이 나빠진 9대 대표는 자신의 대를 이을 자
식이 없어서 가업을 승계하기 어려운 지경이 되었다. 결국 그 가게에
근무하던 이마나카 이하치(今中伊八) 씨가 토라야 화과자의 비법을 전
수받아 고려교 인근에 새로운 상호로 가게를 개업하게 되었다. 화과
자 가게의 상호는 츠루야 야와타(鶴屋八幡)였다.

　가게를 연 이마나카 이하치 대표가 살던 자택에 학(鶴, 츠루)이 큰 둥
지를 틀고 있었기 때문에 츠루야(鶴屋)라는 명칭을 앞에 붙였다. 그리
고 츠루야 다음에 야와타(八幡)라는 이름은, 가게를 열기 위해 경제적
으로 많이 힘들어 할 때 토라야에 원재료를 납품하던 야와타 야타츠
무라(八幡屋辰邨) 씨가 '장사가 잘 될 때까지 부담 갖지 말고 재료를 마
음껏 써도 좋다'면서 적극 후원을 했기 때문에 붙였다.

　그래서 학과 은인의 이름인 야와타를 본따서 상호는 츠루야 야와타
(鶴屋八幡)라고 정했다. 현재 상호인 츠루야 하치만(鶴屋八幡)은 한자는
그대로 사용하고 읽는 방법인 음독만 변경한 것이다.

츠루야 하치만 화과자 가게의 가장 큰 특징 중 하나는, 센리큐(千利休)가 완성한 일본 와비차 문화를 고객들이 직접 체험할 수 있는 다실을 운영하고 있다는 것이다. 왜냐하면 일본의 화과자는 다도(茶道)와 함께 발전해 왔기 때문에, 츠루야 하치만의 대표는 고객을 대상으로 하는 다회(茶会, 차를 마시며 담소를 함께 나누는 모임)를 여는 문화프로그램을 지속적으로 개최했다.

그러던 중 또 한 번의 큰 위기가 찾아왔다.

제2차 세계대전으로 인해 정부에서 곡류와 설탕의 배급을 극도로 통제했을 뿐만 아니라, 미군의 공습으로 인해 오사카 일대가 폐허로 변하게 된 것이다. 결국 츠루야 하치만은 눈물을 머금고 휴업을 단행할 수밖에 없었다.

세계대전이 종전되고 물가통제령도 폐지되자, 전쟁 때문에 오랫동안 문을 닫았던 츠루야 하치만은 1950년 영업을 다시 재개하게 된다.

일본 와비차 문화를 고객들이 직접 체험할 수 있는 다실

특히 츠루야 하치만은 기나긴 전쟁의 상흔으로 인해 황폐해진 일본 국민들의 마음을 위로하기 위한 문화행사를 매주 1회 정기적으로 진행하는 '추억의 다회'를 열었고, 또 그날에는 츠루야하치만에서 만드는 화과자 중에서 최고의 특제품을 내놓았다.

츠루야 하치만은 다회를 다시 개최하기로 결정한 이후, 실행에 들어가기 위해 1년이란 오랜 준비기간이 필요했다. 그 이유는 오랜 전쟁으로 인해 고객들의 신상에 많은 변화가 생겼기 때문이었다.

그래서 츠루야 하치만에서는 옛날 단골 고객들의 행방을 수소문하는데 1년이란 시간을 보내야 했고, 우여곡절 끝에 500명의 명단을 겨우 작성할 수 있었다. 츠루야 하치만의 초청장을 받고 다회에 참석한 고객들은 오랜만에 그윽한 말차의 향기를 맡고 달콤한 화과자를 먹으면서 옛 향수에 젖었고, 또 서로의 안부를 나누며 눈물을 흘렸다.

그들은 전쟁기간 동안 겪은 갖가지 마음의 상처를 치유하고, 참으로 오랜만에 마음의 평화와 정화를 느낄 수 있는 이러한 다회를 개최한 츠루야 하치만의 노고와 정성에 크게 감동했다.

매주 1회 개최하는 다회는 츠루야 하치만의 대표적인 힐링 문화프로그램이 되었고, 여기에 감동한 고객들은 츠루야 하치만의 열성 고객이 되었다. 또한 오사카의 복잡한 도심 한가운데에 일본 와비차의 고즈넉한 분위기를 완벽하게 재현한 다실(茶室)이 있다는 특이한 사실이 점점 알려지게 되면서, 점점 더 많은 오사카 시민들이 츠루야 하치만 화과자 가게를 방문하게 되었다.

츠루야 하치만의 장사 철학은 딱 두 글자로 정의내릴 수 있다. 그것은 바로 '신뢰'다. 츠루야 하치만이 320년이란 오랜 역사를 유지하면서 오사카 시민들의 뜨거운 사랑을 받을 수 있었던 가장 큰 이유는 '장사는 사람과 사람 간의 신뢰로 형성된다'는 확고한 철학을 갖고 있었기 때문이다. 츠루야 하치만은 이러한 신뢰를 바탕으로 "고객과 화과자의 만남"을 위해 열심히 정진하고 있고, 또 "다도를 통한 일본의 정신과 특별한 만남"을 갖게 하게 위해 오사카의 도심에서 정기적으로 다회를 개최하고 있다.

이러한 깊은 철학 속에서 '고객에게 기쁨을 선물'하기 위해 츠루야 하치만이 만드는 대표 명과(名菓)는 다음과 같다.

① 햐쿠라쿠 (百楽, ひゃくらく)

1963년 개발. 팥앙금이 들어간 모나카형 화과자 햐쿠라쿠는 반세기 동안 많은 사람들의 사랑을 받게 되었다. 햐쿠라쿠는 일본산 팥을 사용하여 깔끔하고 진미를 느낄 수 있다. 팥 자체를 넣은 형태와 팥을 숙성시켜 부드럽게 만든 형태 두 가지가 있다.

② 수제햐쿠라쿠 (手作り百楽)

많은 사람들로부터 사랑받고 있는 햐쿠라쿠의 맛을 살리기 위해 전용 봉지에 하나하나 담아서 먹기 전까지 바삭한 식감을 느낄 수 있도록 만들었다. 또한 오랜 시간 두고 먹어도 변질이 되지 않게 하기 위해 각별히 신경 쓴 상품이다.

③ 사츠마다이나곤 (薩摩大納言) 일본풍 스위트포테이토

가고시마산(鹿児島産) 고구마와 팥을 섞어서 각각의 풍미를 느끼면서 자연스러운 맛을 자아내는 화과자.

사츠마다이나곤

④ 마이즈루 (舞鶴, まいづる) 국산 팥(小豆)을 넣은 화과자

벌꿀을 넣어 향기가 가득한
빵에 팥을 넣은 화과자이다. 팥
과 꿀의 부드러운 달콤함과 향
기가 가득한 구운 빵의 깊은 맛
을 느낄 수 있다.

⑤ 양갱 (羊羹, ようかん)

팥(小豆, あずき) 본래의 풍미
를 느낄 수 있는 전통 양갱이며
부드러운 씹는 맛이 생과자처
럼 싱싱함을 자아낸다. 한입에
먹을 수 있는 히토구치(一口) 양
갱도 있다.

⑥ 이타다키

계란을 사용하여 만든 과자
피에 푹 삶은 팥을 넣었다. 팥
과 잘 구워진 과자피가 기분좋

은 식감을 자아낸다.

⑦ 간사이풍 전병, 센베이 (せんべい)

도쿄에서 전병이라고 말하면 쌀가루를 쪄서 얇게 핀 다음 모양을 만들어서 구운 것을 의미하며, 간장과 소금으로 맛을 낸다. 그에 반해 교토와 오사카의 전병은 밀가루를 물에 녹여서 설탕으로 약간 달콤함을 낸 다음 틀에 구워 만든다. 에도시대 때부터 내려온 전통을 소중히 간직하며 구워내고 있다.

제2차 세계대전이 끝난 후 오사카의 화과자 가게가
옛 단골들에게 안부 편지를 전한 이유는?

제2차 세계대전 때 오사카는 미군의 폭격으로 거의 폐허가 되었다. 아수라장으로 변한 전쟁의 잿더미 속에서 힘겹게 다시 가게를 연 츠루야 하치만(鶴屋八幡)이 추진한 가장 중요한 일은, 옛 단골들의 안부를 확인하는 일이었다. 무려 1년 동안 옛 단골들에게 일일이 편지를 보내고, 전화를 걸고, 집을 방문하면서 안부를 확인했다.

그렇게 우여곡절 끝에 알아낸 500명의 고객들에게 초청장을 보내서 그분들의 마음을 위로하고 치유하기 위한 다회(茶숲)를 열고 추억의 화과자를 다시 맛볼 수 있게 했다. 너무나 경황이 없고 도저히 엄두도 나지 않았을 그 당시에, 어떻게 그런 일을 추진할 수 있었을까? 츠루야 하치만(鶴屋八幡)에서는 그것은 '신뢰' 때문이라고 말했다.

'비록 전쟁의 깊은 상흔 속에서도 츠루야 하치만에 가면 반드시 맛있는 화과자를 맛볼 수 있다'는 고객들의 '신뢰'를 지키기 위해서, 그토록 힘든 일을 추진했다는 말에 필자는 많은 것을 생각하게 되었다. 그 '신뢰의 정신'이야말로 츠루야 하치만을 뿌리 깊은 나무처럼 320년이란 오랜 세월을 지탱해온 오사카 상인의 혼(魂)이 아닐까?

찾아가는 길

츠루야 하치만 (鶴屋八幡)

주소: 大阪市中央区今橋4丁目4-9

전화번호 : 06-5102-7281

영업시간 : 08:00~19:00 (토,일,공휴일17:00까지)

지하철역 : 오사카 시영지하철 미도스지센(御堂筋線) 요도야바시(淀屋橋)역 하차,
　　　　　도보 5분

홈페이지 : http://www.tsuruyahachiman.co.jp/shop/index.html

03 일본 요정 요리의 정수, 고라이바시 킷쵸

주식회사 혼킷쵸의 유키 쥰지 사장

오사카에서 일본 요리의 정수를 보여주는 전설적인 요정인 고라이바시 킷쵸(高麗橋 吉兆)를 3대째 운영하고 있는 ㈜혼킷쵸(本吉兆)의 대표인 유키 쥰지(湯来潤治) 사장을 만나러 가는 날은 유달리 가슴이 설레고 흥분되었다. 킷쵸를 창업한 1대 대표인 유키 데이이치(湯木貞一)는 일본 고베에서 유명 요리집이었던 나카겐쵸(中現長) 출신이었기 때문에 그의 요리가 어떻게 계승되고 있는지 무척 궁금했다.

교토 요리에 정통한 1대 대표가 오사카에서 창업한 요정 킷쵸(吉兆). 킷쵸는 도쿄에서 1979년에 개최된 G7 정상회의(World Economic Conference of the 7Western Industrial Countries) 만찬에서 '일본 고급 요리를 담당하는 요정'으로 유일하게 선정되어 국제적인 명성을 떨쳤다. 게다가 뛰어난 다도인(茶道人)이었던 1대 대표는 평생 국내외 다기와 귀한 자료들을 수집했다. 그 자료들은 현재 유키 미술관(湯木美術館)에 보관되어 있는데. 그 중에서 12점이 일본 중요문화재이다.

오사카의 본사가 있는 ㈜혼킷쵸의 대표이사실에서 필자를 맞이한 유키 쥰지 사장은, 음식 장인의 깊은 내공과 오사카 노포의 오랜 연륜이 느껴지는 일본의 중년 신사였다.

일본 최고의 요정 요리를 선보이는 혼킷쵸 대표와 함께

"제1대 대표였던 제 할아버지께서는, 고베의 유명 요리집인 나카겐쵸에서 태어나셨습니다. 일본 요리의 참맛을 좀 더 많은 사람들에게 전해주고 싶었던 할아버지께서는, 1930년 11월 21일에 오사카 니시쿠 신마치(西區新町)에 첫 가게를 내셨습니다. 오사카에 처음 개업한 음식점의 상호는 킷쵸였는데, 이 명칭은 이마미야 에비스 신사에서 새해에 토오카에비스 마츠리(十日戎祭り)를 할 때 수여하는 복조릿대(福笹, ふくざさ)를 '킷쵸사사(吉兆笹)'라고 부르는 것에서 유래한 것입니다.

처음 가게의 크기는 10명이 앉을 정도의 작은 가게였습니다. 그러나 할아버지께서는 식기 하나하나까지 아주 화려한 것을 사용했고, 인테리어도 굉장히 화려했습니다. 물론 요리 솜씨도 정말 뛰어났습니다. 하지만 기대와는 달리 개업 첫 날에는 단 한 명의 손님도 오지 않았습니다.

그래서 저희 할머니께서 열심히 신사를 다니며 할아버지가 만드신 요리를 좀 더 많은 손님들에게 대접할 수 있게 도와달라며 지성으로 기도를 드렸습니다. 그러나 할아버지께서는 '자신의 가게에서 요리할 수 있다는 사실이 행복하다'고 하시며, '장사는 돈보다 좋은 사람이 많이 오는 것이 중요하다'는 신념을 갖고 언제나 최선을 다했습니다.

할아버지의 뛰어난 음식 솜씨가 점점 사람들에게 알려지면서, 손님들이 급격히 많아지기 시작했습니다. 할아버지의 음식을 한 번 먹어본 손님들은 감탄하면서, 또다른 손님들을 데리고 왔습니다. 이렇게 해서 손님들이 급격히 늘어나자 6년 후인 1937년 11월에 새 점포로 확장 이전했습니다. 그리고 그로부터 2년 후인 1939년에는 주식회사가 될 정도로 엄청난 발전을 했습니다.

오사카의 명소가 된 킷쵸는 2차 세계대전 중에도 오사카부의 특별 배려 속에서 영업을 중단하지 않고 계속할 수 있었습니다. 그런데 전시기간 중에도 영업을 계속했던 킷쵸는 미군의 대규모 공습을 받아 가게가 전소되는 아픔을 겪어야 했습니다. 하지만 불굴의 의지를 가졌던 할아버지께서는 제2차 세계대전이 끝나자마자, 1946년 2월에 오사카 히라노쵸점(平野町店)을 개점했고, 그후 고라이바시(고려교) 부

두 눈이 현란할 정도로 아름다운 혼킷쵸의 일본 요정 요리

근에 오사카 고라이바시 본점(高麗橋 本店)을 개업했습니다.

또한 할아버지께서는 일본의 다도에 정통한 다인(茶人)이셨습니다. 그래서 일본의 다도(茶道)와 가이세키 요리(懷石料理, 에도시대부터 차려진 일본 연회용 요리)에 대해 사람들에게 널리 알리기 위한 저술 활동도 매우 활발하게 하셨습니다.

할아버지께선 잡지 『삶의 수첩』에 「혼킷쵸의 무료(無聊)한 이야기」를 연재하면서 점점 인기를 끌게 되었고, 나중엔 대단히 유명한 인사가 되었습니다. 그러한 노력의 덕분으로 킷쵸는 1979년 도쿄에서 개최된 G7 정상회담인 도쿄 서밋(東京サミット, Tokyo Summit)에서 수많은 일본 요정들을 제치고, 해외 정상들 만찬에서 일본요리를 담당하는 유일한 요정으로 선정되었습니다. 그래서 킷쵸는 일본 요리의 정수를 선진국 7개국 정상들에게 대접한 특별한 경력 때문에 국제적으로 엄청난 명성을 얻게 되었습니다.

또한 대단한 문화예술인이었던 할아버지께서는, 국내외의 좋은 다기(茶器)들과 귀한 예술작품들을 많이 수집했습니다. 그리고 할아버지의 컬렉션은 1988년에 설립한 유키 미술관(湯木美術館)에 모두 소장되었습니다. 할아버지의 컬렉션 중에서 12점이 일본 중요문화재로 지정받았고, 할아버지는 일본 역사상 최초로 요리 부문 문화공로상을 수상하는 영광을 안았습니다.

'일본의 자랑'이 된 저희 킷쵸 요리(吉兆料理)의 특징은 무엇보다도 일본인의 깊은 정신세계를 재현하는 화조풍월(花鳥風月)의 요리를 오모테나시(おもてなし, 정성을 다한 최고의 환대)의 마음으로 구현하는 것입니다. 그러기 위해 저희들은 일본 최고의 식자재를 사용하고, 최상의 정성을 담기 위해 항상 최선을 다하고 있습니다. 현재 오사카에는 고라이바시 본점을 비롯해서, 난바의 유명 백화점인 타카시마야(高島屋) 백화점 9층에 2개의 점포를 운영하고 있습니다. 또한 고라이바시 본점은 2019년, 새로운 모습으로 리뉴얼하여 재오픈했으며 100% 예약제

오사카 중심 난바역 다카시마야 백화점 안에 위치한 혼킷쵸 음식점

로 운영하고 있습니다. 그리고 오사카의 가장 유명한 도심인 남쪽의 난바에 있는 음식점과 북쪽의 JR오사카에 있는 음식점은 오사카를 방문하시는 국내의 관광객들을 위해, 언제나 정성을 다하고 있습니다."

킷쵸의 유키쥰지 대표가 추천하는 요리

오사카 관광의 시작 지점인 난카이(南海) 난바역에 위치한 다카시마야 백화점 9층 킷쵸에서 유키 쥰지 대표가 권해 준 메뉴는 고마도후(高麗豆腐)였다. 이 명칭의 의미는 인생의 무사무탈을 기원하는 요리다.

"우리들이 한 평생을 살아가려면 다사다난한 일들을 무수히 겪어야 하지 않습니까? 그래서 저희 가게의 상호인 킷쵸(吉兆, 길조, 좋은 일이 있을 조짐)의 의미를 살려서, 저희들이 정성껏 준비한 음식을 드시고 고객들의 인생에 나쁜 일들은 모두 사라지고 행운이 깃들기를 기원하는 마음을 담은 요리입니다."

유키 쥰지 대표가 준비한 '고마도후'의 첫번째 코스에는 콩이 듬성듬성 박혀 있는 세모 모양의 두부와 깜찍하게 생긴 빨간 접시가 함께 나왔다.

"이 빨간 접시는 고객들이 식사를 하시기 전에 식욕을 돋게 하기 위해 일본 술을 가볍게 드시는 용도입니다. 술을 조금만 드시게 하기 위해, 술잔이 아닌 아주 납작한 접시 모양으로 만든 겁니다. 그리고 이 콩이 박혀 있는 두부는 하늘로 승천하는 '용의 비늘'을 표현한 겁니다."

유키 쥰지 대표는 식사를 하는 도중에 긴 나무 젓가락은 꼭 도자기로 만든 하시오키(箸置き, 젓가락 놓는 받침) 위에 놓아달라고 부탁했다.

잠시 후 두 번째 나온 코스는 홋카이도산 다시마로 우려낸 해초(海藻)와 유자향이 은은하게 밴 국 속에 '새하얀 목련꽃이 활짝 핀' 것 같은 음식이었다.

"국 속에 들어 있는 목련꽃처럼 생긴 것은 외국인들도 좋아하는 하모(ハモ, 갯장어)입니다. 그리고 새하얀 하모 옆에 있는 녹색의 야채는 맑은 우물 속에서 자연 채취한 쥰사이(蓴菜, 순채, 순나물)라는 아주 희귀한 야채입니다."

필자는 킷쵸의 음식 장인이 주방에서 일본 최고의 칼인 사카이(堺)의 칼로 현란하게 자른 한 떨기 백옥련 같은 하모를 먹은 뒤, 다시마의 바닷내음과 쥰사이의 맑은 자연의 식감과 유자의 은은한 향이 3중주를 이루는 풍미 가득한 국을 천천히 마셨다.

"일반인들은 하모와 아나고(アナゴ, 붕장어)와 우나기(ウナギ, 뱀장어)를 잘 구분하지 못하는 경우가 많습니다. 먼저 하모는 주둥이가 뾰족하고 이빨이 날카로워서 먹이를 잘 깨물기 때문에, 하무(食む, 깨물다)에서 유래된 이름입니다. 하모는 양식이 없고 모두 바다에서 나는 자연산인데, 여름 보양식으로 인기가 아주 높습니다.

여름에 하모를 많이 드시고 싶은 분들은 하모유비키(ハモ湯引き, 하모를 샤브샤브처럼 먹는 음식)를 따로 시키기도 합니다. 그런데 하모는 장어

종류 중에서 잔가시가 굉장히 많기 때문에, 요리사들이 현란한 칼질로 잔가시를 쉽게 먹을 수 있도록 세밀하게 손질을 해야 합니다.

아나고(アナゴ)는 깨끗한 모래 속에 구멍을 뚫고 들어가서 머리는 위로 내놓고 있는 습성이 있습니다. 주로 밤낚시로 많이 잡는 아나고는 뼈가 연해서 회로 먹기에 적당합니다. 우나기(ウナギ)는 민물에서 살다가 다 자라면 바다로 나갑니다. 그리고 바다에서 산란한 뒤에 죽는데, 바다에서 부화한 새끼들은 다시 민물로 와서 성어가 될 때까지 자랍니다. 그래서 우나기는 '민물장어'라고도 부르는데, 우나기의 혈액 속에는 약간의 독 성분이 있습니다. 이런 이유 때문에 우나기는 회로는 먹지 않고 덮밥(丼, どんぶり)이나 구이로 먹습니다.

그리고 누타우나기(ヌタうなぎ, 먹장어)는 한국인들이 선호하는 꼼장어인데, 다른 장어들에 비해서 콜라겐이 많아서 식감이 색다릅니다. 현재 한국에서 누타우나기에 대한 수요가 아주 많아서 이 어종은 일본에서 한국으로 수출하고 있습니다."

3번째 나온 코스 메뉴는 연초록의 콩, 새우, 계란, 어묵, 산에서 나온 복숭아, 대잎으로 싼 연어 스시, 엔도마메(えんどう豆, 완두콩)와 맛타케(松茸, マツタケ, 송이 버섯)에 고마노 소스(エゴマソース, 들깨 소스)를 뿌린 음식들이 직사각형의 갈색 나무접시에 담겨 나왔다.

"처음 보는 분들은 대부분 산딸기인 줄 아시는데, 사실은 산에서 나는 복숭아입니다. 산에서 난 복숭아는 무병장수를 기원드리는 의미가 있습니다. 또 전설에 의하면 무릉도원에서 신선과 선녀가 먹는 과일로 젊음과 회춘을 상징합니다. 연초록의 콩들은 모두 엔도마메인데, 구마모토(熊本)와 기후(岐阜)현에서 나는 가장 신선한 풋콩입니다."

4번째 나온 코스 음식에는 긴 나뭇잎 모양의 도자기 접시 위에 작은 물고기 두 마리와 진초록의 소스가 접시에 담겨 나왔다.

"이 물고기는 아유(鮎, 은어)입니다. 아주 맑은 물에서만 서식하는 수박향이 은은하게 풍기는 물고기입니다. 옆에 놓인 것은 향신료인데,

이 물고기와 아주 잘 어울립니다. 이 접시에 담겨 있는 것은 일본인들이 좋아하는 말차(抹茶)처럼 아주 진한 초록색의 소스입니다. 이것은 향신료를 마치 말차처럼 곱게 갈았습니다. 아유를 여기에 푹 찍어서 드시면 깊은 풍미가 우러나올 겁니다.

5번째 코스로 나온 것은 연백색의 자기그릇에 호박, 당근, 시금치, 유바(湯葉), 가지가 담겨 나왔다.

"여기 있는 야채들은 모두 홋카이도산 다시마를 끓여 만든 다시(出汁)의 은은한 향이 배어 있는 웰빙 야채들입니다. 이 가지는 간사이 지역의 특산물이고, 또 유바는 두부로 만든 것입니다. 속을 편안하게 하고 장 건강에도 도움이 되는 요리입니다."

6번째 코스로 나온 것은 쌀밥과 된장국과 반찬이었다.

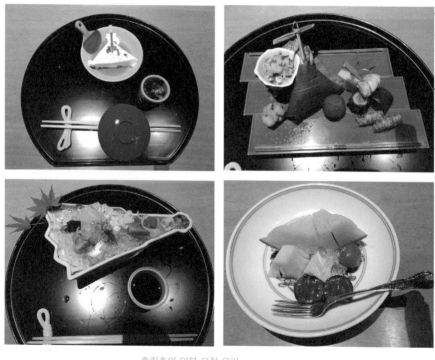

혼킷쵸의 일본 요정 요리

"이것은 쇼가(しょうが, 생강)라고 합니다. 생강향이 배어 있는 쌀밥과 버섯이 들어간 된장국과 이 반찬들은 모두 일본인들이 즐겨 먹는 절임식품입니다. 일본에서는 밥과 된장국으로 식사를 마무리한답니다"

마지막으로 예쁜 접시에 멜론, 체리, 포도, 파인애플이 정갈하게 담겨 나왔다.

"저희 킷쵸의 임직원들은 모든 고객들 한 분 한 분의 식욕을 최상으로 만족시키기 위해, 최선의 노력을 기울이는 것을 신조로 하고 있습니다. 저희 음식을 드신 모든 분들이 이 음식을 통해 행복을 느끼고 심신의 건강을 증진시키는 데 도움을 받는다면 저희들은 커다란 영광입니다."

필자는 킷쵸의 유키 쥰지 대표이사와 헤어져 불야성의 난바 거리를 가득 메운 관광객들 사이를 걸어가면서 '오사카 상인의 정신'이 왜 그렇게 대단한 것인지에 대한 명쾌한 해답을 찾을 수 있었다.

찾아가는 길

① 고라이바시깃쵸 본점 (高麗橋吉兆 本店)

주소 : 大阪市中央区高麗橋2-6-7

전화번호 : 06-6231-1937

영업시간 : (11:30~14:00, 17:00~21:30)

전철역: 오사카 시영지하철 미도스지센(御堂筋線) 요도야바시(淀屋橋)역 하차
　　　　　 11번 출구 도보 5분

② 난바점 (難波店)

주소 : 大阪府大阪市中央区難波5-1-18 9층(다카시마야백화점 내 高島屋デパート
　　　　内)

전화번호 : 06-6633-7533

영업시간 : (11:00~16:00, 17:00~22:00)

전철역: 오사카 시영지하철 미도스지센(御堂筋線)난바(難波)역 하차
　　　　　 다카시마야 백화점(高島屋デパート) 9층

04 시텐노지의 도라야키 가게

주식회사 아카네마루의 대표 아카네 타로

도라에몽(ドラえもん)은 세계적으로 유명한 일본의 인기 애니메이션이다. 1969년, 소학관(小学館)에서 발간한 어린이 잡지의 단편만화 주인공인 도라에몽은, 초등학생 어린이들과 소통하는 고양이 모양의 만능로봇이다.

도라에몽은 1973년부터 TV애니메이션으로 제작되었고, 1980년부터는 극장판이 상영되었으며, 지금까지도 세계 각국 어린이들의 뜨거운 사랑을 받고 있다.

도라에몽 덕에 덩달아 유명해진 화과자가 있는데, 그것이 바로 도라야키(どらやき)다. 이 만화의 원작자인 후지코 F 후지오(藤子F不二雄)가 애니메이션 속에서 도라에몽이 동그란 모양을 한 카스텔라 단팥빵인 도라야키를 좋아하는 걸로 묘사하면서, 이 과자의 인기가 함께 치솟았다. 이 도라야키에 새로운 의미를 부여하고, 또 그것을 기발한 방법으로 홍보해 유명해진 이색 화과자 가게가 있다. 바로 오사카 최초의 관립 사찰로 오사카 최대의 사찰로도 알려져 있는 시텐노지(四天王寺) 동쪽에 지어진 아카네마루(茜丸)이다.

아카네마루의 뿌리는 1940년에 창업한 '오사카 호죠(大阪北条)'였다.

700이 넘은 나이에도 머리를 보라색으로 염색한 아카네 타로 대표

할아버지가 창업한 '오사카 호죠 팥 제작소'를 물려 받은 3대 대표는 자신이 가장 잘 만들 수 있는 "팥을 활용한 화과자를 개발해 오사카의 명물로 만들어야겠다"고 생각했다.

그래서 그는 일본의 화과자 중에서 도라에몽이 좋아하는 화과자인 도라야키를 만들어 보자는 생각을 하게 되었다. 그런데 일본 전역에는 도라야키를 만드는 화과자 장인들이 굉장히 많았다. 특별한 도라야키를 만들지 않으면 경쟁력이 없다는 사실을 너무나 잘 알고 있었다. 그때 그의 머릿속에 떠오른 생각 하나는 시텐노지였다.

"저는 오사카의 유명한 사찰인 시텐노지 인근에서 태어나 항상 시텐노지를 가까이에서 보면서 자라났습니다. 그래서 저는 시텐노지가 일본 역사에서 큰 비중을 차지하는 중요한 사찰이라는 것을 누구보다도 잘 알고 있었습니다."

시텐노지를 건립한 사람은 일본 역사상 가장 존경받는 사람 중 하나인 쇼토쿠 태자(聖德太子, 574~622년)이다. 쇼토쿠 태자는 일본 최초의 고대 통일 정권인 야마토(大和) 조정이 불교를 중심으로 하는 아름다운 문화를 꽃 피운 아스카시대(飛鳥時代)를 열 때 최고의 공을 세운 인물이다. 그 당시 야마토 조정에는 33대 스이코 천황(推古天皇)이 일본을 통치했는데, 여성인 스이코 천황은 자신의 조카인 쇼토쿠 태자를 일본 역사상 최초의 섭정(임금 대신 나라를 다스리는 사람)으로 임명했다.

　스이코 천황으로부터 정권을 위임받아 실질적인 통치자가 된 쇼토쿠 태자는 일본의 정치 경제 사회적 기반을 확립하는 중요한 일을 차근차근 추진해 나갔다. 쇼토쿠 태자는 중국으로 견수사(遣隋使)를 여러 차례 보내서 중국의 발달한 선진 학문, 기술, 법률, 제도 등을 도입해서 일본의 발전에 적극 활용했다. 또한 그는 천황을 중심으로 하는 왕권 확립을 위해 관직을 12계급으로 나누어 조정의 질서를 잡았고, '일본 최초의 헌법'인 17개조의 헌법을 발표해서 국가의 기틀을 확립했다. 그리고 일본의 사상적 통일을 이룩하기 위해 불교를 적극적으로 수용하였고 본인도 독실한 불교 신자가 되었다.

　본래 인도에서 발생한 종교인 불교는 중국을 거쳐 한반도로 전래되었다. 그 당시 한반도에는 고구려, 백제, 신라, 가야 4개국이 병립하고 있었는데, 4세기에서 6세기 사이에 중국으로부터 불교를 전래 받았다 (고구려는 4세기 말 소수림왕, 백제는 4세기 말 침류왕, 신라는 527년 법흥왕 때 공인. 가야는 건국 초기부터 남방불교의 영향을 받았음).

　특히 한반도의 4개국 중에서 중국 남북조시대의 남조와 많은 교류를 맺고 있던 백제가 일본과 우호적인 선린 관계를 유지하고 있었다. 특히 일본 사가(佐賀)현 카라츠(唐津)시의 카카라지마(加唐島)에서 태어난 백제 제25대 왕인 무령왕(武寧王)*의 아들인 성왕(聖王)은 일본과 많은 교류를 진행했다. 그 중에서 가장 큰 교류는 바로 일본 최초로 불교를 전한 것이다. 이 내용은 고대 일본 역사서인 『일본서기(日本書紀)』에 다음과 같이 기록되어 있다.

　"552년에 성왕이 백제 승려 노리사치계를 파견하여 왕에게 금동석가

---

* 백제 곤지의 아들. 곤지는 개로왕의 아들로 일본에 파견되어 15년간 남부 오사카 지역인 가와치아스카에서 백제계 사람들을 다스렸다. 이때 태어난 두 아들이 귀국 후 제24대 동성왕과 제25대 무령왕이 되었다.

불 1구와 번개(幡蓋, 불상 위를 덮는 비단) 약간과 경론(経論) 약간 권을
보냈다."

그러나 일본에 전해진 불교는 일본의 토착종교인 신도(神道)와 매우
큰 갈등이 일으킨다. 그 당시 일본 왕실의 외척이었던 소가노 우마코
(蘇我馬子)는 숭불파였고, 일본 왕실의 실력자였던 모노노 베모리야(物
部守屋)는 배불파였다. 그래서 587년에 일본 최초의 종교전쟁인 불교
전쟁이 일어났고, 이 전쟁에서 승리한 소가노 우마코는 쇼토쿠 태자
와 함께 불교를 일본의 국교로 적극 장려하게 된다.

그 무렵에 쇼토쿠 태자가 만든 '일본 왕실의 첫 관영사찰'이 바로
시텐노지였다. 이런 이유 때문에 시텐노지 부근이 고향인 아카네마루
의 3대 대표는 쇼토쿠 태자의 스토리가 담겨 있는 도라야키를 개발해
야겠다고 생각했다. 그래서 그는 시텐노지의 오랜 역사와 쇼토쿠 태
자의 업적에 대해 열심히 공부하던 중에, 번뜩이는 아이디어 하나가
자신의 뇌리를 스치고 지나가는 것을 느꼈다.

본인의 캐릭터
가 그려진 아카
네마루 가게(시
텐노지 옆 위치)

그것은 쇼토쿠 태자가 확립한 관위 12계(冠位十二階)에 대한 내용이었다. 그 내용 속에는 일본 관리들이 입는 관복의 색깔에 따라서 품계를 정하는 부분이 있었는데, '관복의 여섯 색깔인 보라색, 청색, 적색, 황색, 백색, 흑색을 각각 표현하는 도라야키를 개발하면 정말 좋겠다'는 생각이 떠오른 것이다.

"일설에 의하면 쇼토쿠 태자에 관한 자료 속의 자색은 덕(德), 청색은 인(仁), 적색은 예(禮), 황색은 믿는 마음인 신(信), 백색은 의로운 마음인 의(義), 흑색은 지혜로운 마음인 지(智)를 각각 상징한다고 하더군요.

그래서 저는 오사카의 시텐노지를 방문하는 국내외 관광객들이, 제화과자 가게에서 쇼토쿠 태자의 가르침을 상징하는 도라야키를 먹게 되면, 정말 보람 있는 일이 될 것이라고 생각했습니다. 특히 세상이 점점 발전되면서 많은 사람들이 인간이 마땅히 지켜야 할 도리인 덕·인·예·신·의·지를 망각하고, 인간성을 잃어버린 물신주의와 황금만능주의 사상에 물드는 이때에, 이러한 일은 매우 의미있는 일이라고 판단했습니다.

그래서 저는 도라야키 속에 넣을 6가지 색깔의 콩을 엄선했습니다. 청색은 우구이스마메(うぐいす豆, 물렁물렁하게 삶아 달게 한 완두콩), 백색은 흰 팥(白小豆, しろあずき), 적색은 킨토키마메(金時豆, 강낭콩), 흑색은 팥(小豆), 황색은 토라마메(虎豆, 호랑이 강낭콩)을 사용하기로 했습니다. 그 중 보라색 콩은 도저히 찾을 수가 없어, 보라색을 뺀 나머지 콩을 사용해서 5종류의 도라야키인 '고시키(5色) 도라야키'를 개발했습니다."

그리고 그는 '오사카 호죠' 팥 제작소가 도라야키를 판매하는 빵집으로 변신한 것을 기념해서 새로운 가게 이름을 정하기 위해 시텐노지로 향했다. 지금은 시텐노지 일대가 모두 매립이 되고 높은 건물이 들어선 도심이지만 옛날에는 시텐노지의 서쪽이 절벽이었고, 그 아래로는 오사카 만의 푸른 물결이 출렁거리는 아름다운 해안가였다. 시

본인의 캐릭터
인형이 설치된
아카네마루 가
게

텐노지에서 바라보는 바닷가의 낙조는 너무도 아름다웠다. 그래서 시
텐노지는 오후 햇살이 서쪽 하늘과 바다 주변을 붉게 물들이는 석양
무렵에 극락정토를 꿈꾸며 기도하는 장소로 유명했다.

　시텐노지의 석양을 물끄러미 바라보며 깊은 상념이 젖어 있던 그는
서쪽으로 뉘엿뉘엿 넘어가는 자줏빛 햇살과 도라야키의 자줏빛으로
잘 구워진 빵 색깔을 동시에 떠올리면서 "가게 이름을 아카네마루로
정해야겠다"고 생각했다. 그리고 보랏빛 콩을 구하지 못해 못내 아쉬
웠던 그는, 자신의 머리카락을 보라색으로 염색해서 쇼토쿠 태자의

철학과 사상을 열심히 알리겠다는 결심을 하게 된다.

아카네마루 제3대 대표인 그는 자칫 잘못하면 젊은 사람들이 재미없다고 생각할 수 있는 쇼토쿠 태자의 가르침을 좀 더 재미있고 즐겁게 홍보하기 위해서 자신을 캐릭터로 한 인형까지 제작했다. 그리고 어린아이들도 재미있게 들을 수 있는 노래를 제작해서 방송을 통해 노래를 홍보했다. 또한 오사카 시민들이 좋아할 만한 재미있는 이벤트도 기획해서 적극적으로 홍보했다.

그래서 지금은 아카네마루가 '오사카 시텐노지의 이색 화과자집'으로 완전히 자리잡았다. 만약 독자들이 시텐노지를 방문하고 나서 그 인근에 위치한 아카네마루를 찾아간다면, 제3대 대표를 꼭 닮은 캐릭터 인형이 세워져 있는 가게 안에서 70세가 넘은 나이에도 머리에 보라색 염색을 하고 도라야키를 통해 쇼토쿠 태자의 가르침을 열심히 전하고 있는 아카네 타로 대표의 모습을 볼 수 있을 것이다.

머리에 보라색 염색을 하고
도라에몽의 화과자를 홍보하는 70대 노인

오사카의 시텐노지 옆에 위치한 이색빵집 아카네마루 앞에 가면 작은 인형 하나가 세워져 있다. 제자리에서 두 다리를 앞 뒤로 움직이는 그 인형만 봐도 웃음이 나고 재미있다는 느낌이 든다.

인형의 주인공인 아카네 타로 사장은 실제로도 매우 유쾌하고 재미있는 사람이다. 그는 70세가 넘은 나이에도 불구하고 도쿄 하라주쿠(原宿)의 젊은이들처럼 머리 한가운데를 보라색으로 염색을 하고 도라에몽이 좋아한 화과자인 도라야키를 열심히 홍보한다. 이것은 이색적인 홍보의 달인들이 많은 오사카에서도 흔하지 않은 일이다.

아카네 타로 사장은 겉으로 보기엔 코미디언처럼 아주 유쾌하고 재미있는 인물이지만 마음속으로는 매우 진지한 성격을 지니고 있다.

"요즘 같은 황금 만능주의가 판을 치고 인간의 도덕심이 많이 사라진 세상일수록, 일본의 '화(和)의 정신'을 강조한 쇼토쿠 태자의 가르침은 더욱 중요하다고 생각합니다. 특히 물신주의에 빠진 요즘 사람들에게 쇼토쿠 태자가 말씀하신 인, 의, 예, 지, 신, 덕은 보석처럼 빛나는 가르침입니다. 저는 일본인뿐 아니라 해외에서 오사카를 찾아오시는 관광객들도 도라야키를 통해서, 입도 즐겁고 마음도 즐거운 인, 의, 예, 지, 신, 덕을 꼭 생각해 주시기 바랍니다."

자신이 태어난 고향인인 오사카에 시텐노지를 건립한 쇼토쿠 태자의 철학과 사상을 애니메이션의 주인공인 도라에몽이 좋아한 빵과 접목해서 이색적인 도라야키를 개발한 이러한 '발상의 전환'이, 오사카 상인의 혼을 더욱 빛나게 하고 있다.

찾아가는 길

아카네마루

주소 : 大阪府大阪市天王寺区大道2-13-15

전화번호 : 0120-506-108

영업시간 : 09:00~17:30 (주말, 휴일 10시 30분부터)

전철역 : 미도스지센(御堂筋線) 텐노지(天王寺)역 7번 출구 도보10분

홈페이지 : http://www.akanemaru.co.jp/company/

300엔 숍, 미카츠키 모모코

05

미카츠키 모모코의 대표이사 모노카와 아키라

수십 명의 일본인 CEO들을 만나는 동안, 미카츠키 모모코(ミカツキモモコ) 대표이사인 모노카와 아키라(物河昭) 사장과의 인터뷰는 가장 유쾌했던 만남으로 기억한다. 멋진 중절모를 쓴 정열의 구릿빛 얼굴에 하얀 구레나룻이 멋있게 난 모노카와 아키라 사장과 필자는 인터뷰하는 동안 유쾌한 대화, 폭소가 터져 나오는 유머, 탄성이 터져 나오는 리엑션이 계속 이어졌다.

필자가 모노카와 아키라 사장을 인터뷰하기 위해 본사의 대표이사실을 방문한 날은, 벚꽃 향기가 오사카 공기 속에 가득하던 3월 30일이었다. 일본의 여성들이 300엔으로 즐거움을 찾는 가게인 300엔 숍으로 유명한 미카츠키 모모코는, 1999년 3월 30일에 창립한 기업이다. 그래서 그날 모노카와 아키라 사장은 직원들과 함께 멋진 창립기념 행사를 막 끝내고 대표이사실로 들어오는 길이었다.

"하하! 오늘이 미카츠키 모모코의 생일인 줄 어떻게 아셨나요? 뜻깊은 창사 기념일에 저를 인터뷰하러 오시다니, 정말 반갑습니다!"

필자는 진심으로 모노카와 사장에게 축하의 말을 건넸다. 이 기업의 이름은 특이하게 일본 여성의 이름이다. 일본에서는 여성의 이름

유쾌한 유머와 위트가 가득한 미야츠키 모모코 대표

뒤에 자(子, 코)라는 글자를 쓰는 경우가 많다. 그래서 일제 강점기에 살았던 한국 여성들에게도 자(子)라는 글자를 쓴 이름들이 꽤 많이 있었다. 순자, 영자, 명자 등등…….

그런데 미카츠키 모모코라고 발음하는 이 기업의 상호를 한자로 쓰면 삼일월백자(三日月百子)이다. 이 상호 안에는 이 기업을 창립한 모노카와 아키라 사장의 창립이념과 철학이 모두 들어 있다. 삼일월백자는 "월요일부터 일요일까지 300엔으로 여성들이 즐거운 쇼핑을 하도록 만들어 주고 싶다"라는, 그의 염원을 집약해서 만든 상호이다.

모노카와 아키라 사장은 원래 문구점 사업에 종사했다. 그 당시 일본의 젊은 여성들은 문구점에서 파는 아름답고 멋진 디자인의 팬시 상품을 좋아했고, 특히 400엔 이하의 저가 팬시 상품들이 인기가 많았다. 그래서 그는 단순한 문구점 사업이 아니라, 여성들을 좀 더 행복하게 만들어주는 다양한 제품들이 많은 버라이어티 잡화점을 하고 싶다는 꿈을 가지게 되었다. 뉴 밀레니엄을 10개월 앞둔 1999년 3월 30일, 그는 300엔 숍인 미카츠키 모모코를 창업했다. 모든 상품을 300엔으로 통일해서 잡화업계에 가격 파괴 신드롬을 일으켰다.

"처음에 300엔으로 일본 여성들을 행복하게 하는 버라이어티 잡화점을 창업하기 전에, 상호를 어떻게 정하는 게 좋은지에 대해 많은 고민을 했습니다. 그래서 아무래도 전문가의 의견이 더 나을 것 같아서 카피라이터에게 정식으로 의뢰를 했습니다. 그랬더니 카피라이터가 1주일 뒤에 10개나 되는 상호 리스트를 저에게 제출하더군요. 상호 리스트를 갖고 도심으로 나가서 길을 가는 여성들을 대상으로 앙케이트 조사를 했습니다. 그런데 다른 9개의 상호들은 호감을 갖는 여성들이 있었는데, 현재의 상호인 미카츠키 모모코에게는 단 한 명의 여성도 표를 주지 않았습니다. 왜냐하면 이 명칭은 다른 상호들에 비해서 세련되지 않고 촌스럽다고 생각했던 겁니다.

그래서 저는 깊은 고민에 빠졌습니다. 여성들이 앙케이트 조사에서 높은 점수를 준 세련된 이미지의 명칭을 상호로 사용할 것인지, 아니면 세련된 이미지가 아니라고 판정받은 미카츠키 모모코를 사용할 것인지? 그런데 저는 오히려 단 한 명의 일본 여성도 추천하기를 거부

오사카의 이색거리인 아메리카 무라에 위치한 미카츠키모모코 가게

한 미카츠키 모모코를 선택했습니다. 왜냐하면, 저의 창립이념이자 철학인 월요일부터 일요일까지 삼백 엔으로 여성들(女性たち)이 즐거운 쇼핑을 하도록 만들어 주고 싶은 간절한 염원을 표현하는 것은, 미카츠키 모모코밖에 없었으니까요."

모노카와 아키라 사장은 어떤 면에서는 진정한 페미니스트이다. 그는 1999년에 사업을 시작한 이후 지난 19년 동안 동쪽의 도쿄부터 서쪽의 후쿠오카까지 모두 74개의 가게를 개설했고, 350명의 직원들이 근무하고 있다. 그런데 그 중에서 남자 직원은 5명에 불과하고, 345명의 직원들이 모두 여성들이다.

현재 미카츠키 모모코의 가게들은 여성 고객들을 대상으로 하는 액세서리, 뷰티, 패션, 잡화 등을 비롯해서 4천 종류나 되는 상품들을 취급하고 있다.

"제가 이처럼 다양한 종류의 상품들을 300엔 숍에 모을 수 있었던 것은, 1980년대에서 1990년대까지 지속되던 일본의 버블경제가 끝나고 난 뒤에, 구매력이 약한 고객들을 겨냥한 저렴한 상품을 취급하는 가게들이 많이 생겨났기 때문입니다. 그런데 저는 100~200엔 정도의 상품으로는 젊은 여성들의 다양한 욕구를 충족시킬 수가 없다고 생각했습니다. 왜냐하면 문구점 사업을 할 때 예쁘고 귀여운 팬시상품들을 구입하는 여성 고객들이 좋아하는 가격대가 400엔 정도였습니다. 그래서 저는 '400엔의 품질을 유지하고 있는 300엔의 상품'을 구입해서, 가격은 더 낮추되 품질은 좋은 상품들을 가게에 진열하기 위해 많은 노력을 기울였습니다.

저는 이러한 높은 품질을 계속 유지하기 위해 미카츠키 모모코에서 파는 상품들의 70%는 '메이드인 재팬 상품으로 확보하는 것'을 원칙으로 했습니다. 그런데 여성들이 좋아하는 악세사리들은 일본에서 그 가격에 맞출 수 있는 상품들을 구입하기가 거의 불가능했습니다. 그래서 저는 일본과 지리적으로 가장 가까우면서도 보석 세공에서 우수한 기술 인력을 확보하고 있는 한국으로 건너갔습니다.

그런데 명동과 가장 가까운 남대문 시장의 액세서리 상인들을 만났

일본의 젊은 여성들이 좋아하는 미야츠키모모코의 300엔 상품들

더니, 많은 상인들이 어음 거래를 하고 있더군요. 어음 결제 기간이 보통 2개월에서 3개월이었고, 긴 것은 6개월 이상이나 되었습니다. 그래서 저는 다양한 액세서리 상품들을 좀 더 저렴한 가격으로 구입하기 위해, 모든 거래를 현찰로 지급하겠다고 했습니다. 그랬더니 깜짝 놀란 남대문 시장 상인들이 액세서리 상품들을 제가 원하는 가격으로 구입할 수 있게 할인해 주었습니다.

그래도 한국과 일본 사이의 물류 비용이나 관세 등을 감안하면, 모든 액세서리들을 300엔이란 가격으로 통일하기가 결코 쉽지가 않았습니다. 그래서 저는 남대문 시장 상인들로부터 질 좋은 액세서리들을 제가 원하는 가격으로 많이 구입하기 위해, 좀 더 적극적인 방법을 사용했습니다.

바로 제가 구입하려고 하는 액세서리 상품에 대해 전액 선금을 지급하는 것이었습니다. 저는 그들에게 선금을 지급하며 남대문 시장 상인들의 신용과 상인 정신에 대해 깊은 신뢰를 하면서 거래를 하겠다고 했습니다. 그런데 20년이 다 되어 가는 지금까지도 신용을 어긴 남대문 상인은 단 한 사람도 없었습니다.

저의 깊은 신뢰에 남대문 시장 상인들도 변함없는 신용으로 보답을 해 주신 겁니다. 저는 이러한 사례야 말로, 오사카 상인의 정신과 남대문 시장의 상인 정신이 서로 통한 것이라고 생각합니다."

현재 미카츠키 모모코는 서울의 중심인 명동의 신세계 백화점과 인접해 있는 남대문 시장에 50군데의 거래처를 갖고 있다. 그리고 모노카와 아키라 사장은 남대문 시장에 근무하는 50개의 점포를 일일히 방문해서, 50명의 사장들과 함께 기념 사진을 모두 다 찍었다. 그는 이러한 뜨거운 열정과 치열한 노력으로 일본 액세서리 업계에서 가격 파괴의 신드롬을 일으켰다.

현재 모노카와 아키라 사장이 근무하는 본사에는 4천 종류의 상품들을 구매하는 바이어 업무를 담당하는 4명의 젊은 여사원들이 있다.

그런데 그는 4명의 젊은 여사원들이 구매하는 상품의 매입을 본인이 결재하지 않는다.

"제가 최초에 문구점 사업을 정리하고 300엔 숍을 준비하고 있을 때, 그 당시 문구점 메이커에서 디자이너로 근무하던 카케야 유코(掛 谷優子) 씨에게 300엔 숍의 바이어로 함께 일하지 않겠냐고 제안했습니다. 처음 그녀는 '자신은 디자이너인데, 어떻게 아무 경험도 없는 바이어 업무를 할 수 있겠느냐'며 거절을 했습니다.

하지만 저의 생각은 달랐습니다. 카케야 유코 씨는 퇴근 후에 잡화점에 들러서 쇼핑하는 것이 취미라고 말할 정도로, 버라이어티 잡화점에서 많은 시간을 보냈습니다. '천재는 노력하는 사람을 이길 수 없고, 노력하는 사람은 즐기는 사람을 이길 수 없다'는 말이 있지 않습니까?

저는 버라이어티 잡화점에서 많은 시간을 보내면서도 쇼핑이 자신의 유일한 취미라고 말하는 사람이라면, 300엔 숍의 바이어 업무를 충분히 즐기면서 할 수 있을 것이라고 판단했습니다. 그래서 저는 역발상으로 버라이어티 잡화점에서 바이어로 근무한 유경험자 대신에, 오히려 아무런 경험은 없지만 많은 잡화들에 대해 많은 호기심과 뜨거운 애정을 갖고 있는 그녀와 함께 300엔 숍를 시작했습니다.

결과는 대성공이었습니다. 창업한 지 3년 후에 그녀는, 저에게 '사장님, 이제 저에게 물건 고르는 눈이 생겼어요. 그러니 앞으로 상품 매입에 대해서는 참견하지 말아 주세요'라고 큰소리를 칠 정도로 역량 있는 바이어로 성장했으니까요."

미카츠키 모모코의 창립 멤버로서 오랫동안 상품 구매 바이어로 활동했던 카케야 유코 씨는 '본인의 재량을 마음껏 발휘할 수 있도록 믿고 맡겨준 것이 아주 만족스러웠다'고 말했다.

"특히 제가 국내외 상품의 선정에 대해 스스로 생각하고 그 결과를 낼 수 있도록 많은 자유를 주고 또 깊은 신뢰를 주셨기 때문에, 저는 더 큰 의욕을 갖고 좀더 활기차게 일할 수 있었습니다. 그래서 저는 상품계산대의 컴퓨터를 보면서 어떤 상품이 더 많이 팔리는지에 대한 통계도 내 보고, 또 창고에 가서 재고 확인도 직접 하고, 다른 가게들을 다니면서 상품 라인업을 비교하기도 했죠.

'자리가 사람을 만든다'는 말이 있지 않습니까? 저는 비록 입사한 지 6개월밖에 안 되는 신입사원이거나 아르바이트 여성이라도 능력이 있다는 것이 느껴지면 과감하게 가게의 점장으로 발탁하기도 합니다. 이러한 사원에 대한 깊은 신뢰, 우수한 인재를 적재적소에 배치하는 판단력, 또 상품 구매와 판매에 대한 최대한의 재량권을 부여하는 기업문화가 미카츠키 모모코에서 근무하는 임직원들의 의욕을 북돋고 사기를 진작시키는 데 큰 동기 부여가 된 것 같습니다."

그는 젊은 여성 고객들이 좋아하는 상품을 판매하는 300엔 숍에 진열하는 상품의 구매는, 전적으로 젊은 여성 사원들의 감성과 판단력을 깊이 신뢰한다고 말했다. 모노카와 아키라 사장은 사원들이 자신이 좋아하는 일을 즐기면서 할 수 있도록 분위기를 조성했다. 심리학적으로 사람들은 자기가 좋아하는 일을 할 때는 즐거움을 느끼고, 또 자기가 좋아하는 일을 즐기면서 할 때는 몰입감이 더욱 높아진다. 또한 그때는 업무를 대하는 태도가 좀 더 적극적이고 능동적으로 변하면서 창의력도 대단히 좋아진다.

또한 그는 '일본 전역에서 영업하고 있는 300엔 숍의 모든 가게들은 여성 점장들이 실내 인테리어, 상품 진열, 고객 응대 등에 관해 최대한의 재량권을 갖고 있다'고 했다. 그래서 300엔 숍의 모든 가게들은 모노카와 아키라 사장의 수직적인 지시로 움직이는 것이 아니라, 여성 점장들의 감성으로 움직이는 일터가 되었다'라고 말했다.

이러한 노력의 결과, 일본 컨설팅 회사에서 제정한 그레이트 컴퍼니 어워드(Great Company Award)에서 〈여성 사원 활성화 부분상〉을 수상했다. 또한 일본의 유명한 금융기관인 미쓰비시(三菱) 도쿄 UFJ은행으로부터 정식 출자를 받는 기업으로 선정되어, 미카츠키 모모코의 사회적 신용도가 크게 높아지고 경영에도 매우 긍정적인 영향을 끼치게 되었다.

필자는 유쾌, 상쾌, 통쾌하기 그지없는 모노카와 아키라 사장과 인터뷰를 끝낸 후, 손녀의 선물을 고르기 위해 '오사카의 홍대'인 아메리카무라(アメリカ村)의 삼각공원(三角公園) 옆 300엔 숍으로 발길을 향했다.

오사카 300엔 숍 사장이 거액의 현금을 들고
남대문 시장을 찾아간 이유는?

미카츠키 모모코의 대표 모노카와 아키라 사장은 4천 종이나 되는 상품들을 300엔의 균일가로 맞추기 위해 대단히 많은 노력을 하고 있다. 그는 일본 전역의 수많은 생산 공장 · 도매상 · 소매상들과 맺은 밀접한 네트워크를 통해 저렴하면서도 품질이 높은 제품들을 구매한다.

그래서 300엔 숍에서 판매하는 제품의 70%는 일본에서 생산된 것으로 구성되어 있다. 그러나 가격 경쟁력이 떨어지는 나머지 30%의 제품은 가까운 이웃나라인 한국과 중국에서 구매할 수밖에 없었다. 수입 제품들 중에서 그를 만족시킨 것은 남대문 시장에서 판매하는 다양한 액세서리 제품들이었다.

디자인이 아름답고 품질이 뛰어난 남대문 시장의 액세서리들을 일본의 300엔 숍에서 판매하기 위한 적정 가격으로 구매하는 그만의 비법은, 바로 선금 지급이었다. 그는 2개월~3개월짜리 어음이 사용되던 남대문 시장에서 제품 주문을 할 때 전액을 현금으로 미리 지급하는 방법으로, 그의 마음에 드는 제품들을 적정 가격에 구매할 수 있었다.

"사실 제 입장에서는 외국인과 거래할 때 제품을 받기도 전에 미리 전액을 현금으로 지급한다는 것은, 큰 모험이 아닐 수 없습니다.

그러나 남대문의 우수한 제품들을 일본의 300엔 숍에서 판매할 수 있는 적정 가격으로 수입하기 위해서는, 그러한 모험을 감수할 수밖에 없었습니다. 그런데 제가 남대문 상인들에게 정말 감사한 것은, 그동안 저와의 거래 약속을 어긴 분이 단 한 분도 없다는 것입니다. 저는 이러한 신뢰야말로 진정한 상인의 정신이라고 생각합니다. 일본과 한국과 중국은 지리적으로 가장 가까운 이웃나라가 아닙니까?

그래서 저는 동아시아의 세 나라가 이러한 장점들을 살려서, 경제적으로 더욱 활발한 교류를 지속하는 게 좋다고 생각합니다. 현재 미카츠키 모모코에서는 동아시아 세 나라의 제품들을 모두 취급하고 있기 때문에, 이러한 신뢰를 바탕으로 한중일의 상인과 소비자들이 서로 상생할 수 있는 경제 교류를 더욱 확대할 계획입니다."

필자는 모노카와 아키라 사장과의 인터뷰를 통해서 이러한 글로벌한 마인드가 오사카 상인의 혼을 더욱 폭넓게 만들고 있다는 생각을 했다.

찾아가는 길

마츠키 모모코 (アメリカ村店)

주소 : 大阪市中央区西心斎橋1-7-3 1층

전화번호 : 06-4704-5450

영업시간 : 11:00~20:30

전철역 : 미도스지센(御堂筋線) 신사이바시(心斎橋)역 7번 출구 도보5분

홈페이지 : http://www.momoko300.com/

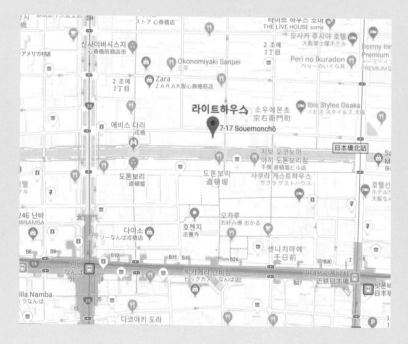

천연 낫토균으로 건강식품을 만드는 코카네야 식품

코카네야 식품의 대표이사 요시다 에미코

처음 먹어 본 고객은 있겠지만, 한 번만 먹어 본 고객은 없다. 오사카에서 인기 만점의 낫토가게를 운영하는 코카네야 식품(小金屋食品)에 대한 이야기이다.

코카네야 식품 대표인 요시다 에미코(吉田惠美子) 사장은, 필자가 오사카에서 인터뷰한 일본인 CEO들 중에서 두 번째로 만난 여성 기업가이다. 선친이 1974년에 설립한 코카네야 식품을 물려받은 요시다 에미코 대표는 지난 수년 동안 엄청 바쁜 나날을 보냈다. 제4회 전국 낫토 감평회(納豆鑑評会)에서 오사카산 명품으로 인정받고, 〈오사카 홍보대사 상〉을 수상한 이후, 코카네야 식품에서 만든 오사카 낫토를 맛보고 싶다는 고객들의 요구가 부쩍 늘어났기 때문이다.

그래서 2018년 2월 22일부터 28일까지 1주일 동안 도쿄의 번화가인 시부야(渋谷)의 도큐(東急) 백화점에서 맛집 이벤트를 진행했다. 그리고 3월 1일부터 5일간은 신주쿠(新宿)의 오다큐(小田急) 백화점에서 맛집 이벤트를 진행했다. 또 오사카에서 가장 높은 빌딩이며 멋진 전망대가 있는 아베노 하루카스(あべのハルカス)의 긴테츠(近鉄) 백화점 9층에서 잡지 『미세스』가 선정한 〈전국의 숨은 맛집 행사〉에 참가했다.

낫토의 주 원료인 콩은 동북아시아가 원산지이기 때문에 한국·일본·중국에서는 콩을 활용한 다양한 발효식품을 오랫동안 섭취해 왔다. 동북아시아에서도 주로 한반도 북부와 만주 일대에서 자생한 야생콩은 매우 중요한 곡류이다. 콩은 일명 '밭의 쇠고기'라고 부를 정도로 양질의 식물성 단백질을 갖고 있는 식품이기 때문이다.

콩은 15~20%의 지방과 다양한 무기질과 비타민을 갖고 있으면서 35~40%에 이르는 단백질을 갖고 있는 유일한 곡류이다. 게다가 콩에 포함되어 있는 식물성 에스트로겐인 '이소플라본(イソフラボン)'은 여성의 건강 증진에 많은 도움을 주는 성분이다. 특히 검은 콩을 둘러싸고 있는 검정색의 껍질 속에는 항암 성분인 '글리시테인(Glycitein)'이 있다는 사실도 밝혀졌다.

세계적인 장수촌으로 유명한 에콰도르의 빌카밤바(Vilcabamba)에서는 콩을 많이 섭취하는 걸로 널리 알려져 있고, 브라질에서는 검은 콩

오사카 아베노 하루카스의 긴테츠 백화점에서 행사를 진행하는 요시다 에미코 대표

오직 맑은 물과 콩으로 낫토 기업을
일으킨 요시다 에미코 대표

으로 요리한 음식인 페이조아다(Feijoada)를 최고의 보양식으로 먹고
있다.

그런데 이처럼 건강에 좋은 슈퍼 곡류인 콩도 큰 약점을 하나 갖고
있다. 그것은 콩을 날 것으로 그냥 섭취했을 때에는 소화 흡수율이 매
우 떨어진다는 것이다. 그래서 한국, 일본, 중국에서는 오랜 옛날부터
콩의 소화 흡수율도 높이고 새로운 맛을 창출하기 위해 콩을 활용한
다양한 음식들을 개발했다.

여기에는 두부, 콩기름, 간장, 된장(味噌, 미소), 텐멘장(甜面酱, 춘장), 토
뉴(豆乳, 두유), 청국장, 낫토(納豆) 등이 있다. 이처럼 다양한 동북아시아
의 콩 발효식품들 중에서 한국의 청국장과 일본의 낫토는 아주 유사
한 식품들이다. 콩의 형태를 거의 똑같이 유지하고 있는 두 개의 발효
식품 중에서 청국장은 미소시루(味噌汁, 된장국)보다는 국물이 훨씬 걸
쭉한 찌개 형태로 끓여 먹는다. 그러나 낫토는 따뜻한 쌀밥 위에 그대

로 올린 다음에 개인의 식성에 따라 계란, 간장, 참기름, 깨소금 등을 넣어 함께 비벼서 먹는다. 콩을 그냥 먹을 때보다 발효식품인 낫토로 먹게 되면 건강에 이로운 성분들이 새롭게 생성된다.

콩이 낫토가 되면 발효된 콩에 아주 끈적끈적한 실 같은 것이 엉키는 것을 볼 수 있다. 이 끈적끈적한 실처럼 엉켜 있는 것은 아미노산인 '글루탐산'과 과당의 종합체인 '프락탄'인데, 이 속에는 두뇌의 우수한 영양분인 레시틴(Lecithin)이 아주 풍부하다.

레시틴은 뇌세포 사이의 신경전달물질인 아세틸콜린(Acetylcholine)의 원료가 되는 중요한 성분이다. 또한 유해세균을 억제하는 바실러스균과 아미노산이 풍부한 낫토는 발효과정에서 '나토키나제'라는 효소가 활성화되는데, 이 성분은 혈전증 예방과 치료에 유익하고 암세포를 억제하며 항 돌연변이 효과도 갖고 있다.

그리고 낫토는 불포화 지방산과 고밀도 지방 단백질(HDL)을 높여주

예쁘게 포장된 다양한 낫토 제품

기 때문에, 고지혈증과 고콜레스테롤을 예방하는 데도 좋다. 이 같은 다양한 인체 건강 증진 효과 때문에 '세계 5대 슈퍼푸드'로 인정받은 것이 바로 낫토이다.

현재 다양한 오사카 낫토(大阪納豆)를 생산, 판매하고 있는 코카네야 식품에서는 가장 친환경적인 낫토를 만드는 것을 최대 목표로 하고 있다. 코카네야 식품에서는 팥(小豆)과 대두(大豆), 대두를 잘게 빻아 발효시킨 히키와리낫토(ひきわり納豆)를 주요 재료로 사용하고 있다.

먼저 팥은 일본 최북단인 홋카이도(北海道)에서 생산된 것을, 대두는 미야기(宮城)현에서 생산된 것을, 대두를 잘게 빻은 히키와리낫토는 시가(滋賀)현에서 생산된 100% 일본산 콩을 사용한다. 또한 삶은 콩을 발효시킬 때는 옛날부터 볏짚에서 자생한 천연 낫토균만을 사용해서 하나하나 정성스럽게 진행한다.

그래서 코카네야 식품에서는 이처럼 일일이 수작업으로 천연 낫토균을 통해 생산한 낫토만을 판매하기 때문에 대량 생산은 하지 못하고 있다.

코카네야 식품에서는 낫토의 깊은 풍미를 끌어 올리고 낫토를 잘 모르는 젊은 세대들도 쉽게 먹을 수 있도록 하기 위해 특별한 토핑과 소스를 개발했다. 낫토와 함께 밥 위에 올리는 토핑에는 달걀, 해초, 아카시소(赤しそ, 붉은 색의 한해살이 풀), 메추리알(ウズラの卵), 이와시하츠리부시(鰯削りぶし, 정어리를 재료로 해서 가츠오부시처럼 만든 것)가 있다.

그리고 소스에는 화학조미료가 일체 들어가지 않은 노포(老舗)의 전통 기술로 만든 백간장(白醤油)를 사용했다. 그리고 코카네야 식품의 낫토 가게에서는 히키와리 낫토(ひきわり 納豆)를 이용해서 오사카의 명물 음식인 오코노미야키(お好み?き)를 만드는 레시피를 알려주고 있다.

먼저 시장에서 구입한 오코노미야키용 밀가루를 물에 잘 풀어서 메추리알이 토핑으로 들어간 히키와리 낫토와 파를 잘라서 함께 섞어준다. 두 번째로 기름을 두른 후라이팬에 반죽을 넣어서 노릇노릇하게

구워준다. 세 번째는 잘 구워진 오코노미야키를 접시 위에 담은 뒤 감칠맛을 더해 주는 소스인 폰즈(ポン酢, 조미료를 첨가한 식초)를 뿌리고 개인의 취향에 따라 겨자를 뿌려서 먹어도 된다.

코카네야 식품의 낫토 가게에서는 이것 외에도 낫토가 들어간 샐러드, 낫토가 들어간 샌드위치, 낫토가 들어간 시금치 무침, 낫토와 두부 소바(そば)와 함께 먹는 낫토 반찬 등 다양한 사진을 인쇄한 엽서들도 판매하고 있다. 또한 CEO인 요시다 에미코 대표는 세련된 디자인과 친환경을 고려한 종이컵 속에 다양한 낫토를 넣어서 판매하고 있다. 그래서 코카네야 식품에서 생산된 낫토 제품들은, 오사카를 방문하는 많은 관광객들이 주변의 지인들에게 선물하는 건강식품으로 큰 인기를 모으고 있다.

낫토를 맛있게 먹는 법

세계적인 장수 국가로 유명한 일본에서 나카소네 야스히로(中曾根康弘) 전 일본 총리가 화제의 인물이 되었다. 왜냐하면 나카소네 야스히로 전 일본 총리는 일본 다이쇼(大正) 시대부터 레이와(令和) 시대까지 매우 건강하게 장수한 사람이었기 때문이다. 1918년 5월 27일에 태어난 그는 29세인 1947년에 정계에 입문한 이후 중의원 20선이라는 대기록을 세웠고, 85세인 2003년에 정계를 은퇴했다. 일반인으로서는 결코 쉽지 않은 100세 생일을 도쿄의 자택에서 맞았으며, 이듬해인 2019년 101세의 나이로 생애를 마쳤다.

그의 장수 비결 중 하나는 아침마다 낫토를 먹는 것이었다. 일본의 대표적인 건강 장수식품인 낫토를 좀 더 잘 먹는 방법을 소개한다.

① 먼저 따뜻한 쌀밥 위에 낫토를 올린다. (이때 낫토의 포장지 속에 있는 소스와 토핑도 함께 낫토 위에 올린다.)
② 다음은 생계란을 깨뜨려 밥 위에 올린다. (본인의 기호에 따라 계란 노른자만 올려도 된다.)
③ 다음은 계란 위에 고소한 참기름을 넣고 깨소금을 뿌리고 간장을 조금 넣어서 간을 맞춘다.
④ 마지막으로 젓가락으로 낫토와 계란과 쌀밥을 골고루 섞어서 먹고, 입가심으로는 따뜻한 차(녹차, 커피, 옥수수차, 보리차)를 한 잔 하면 좋다.

찾아가는 길

코가네야 식품 (小金屋食品)

주소 : 大阪府大東市御領3丁目10-8
전화번호 : 072-871-8456
영업시간 : 9:00~16:00 (일요일 휴무)
홈페이지 : http://koganeya.biz/

07

아련한 추억의 맛을 지키고 있는 명품 화과자 기업

주식회사 무카신의 무카이 신스케 대표

오사카를 방문하는 외국인과 일본인들에게 향토 화과자(お菓子)의 아련한 추억의 맛을 선사하는 무카신(むか新) 화과자 본사가 위치한 이즈미사노(泉佐野)는 오사카 남부 해안지역 센슈(泉州)지방의 아름다운 소도시이다.

간사이 국제공항에 도착한 관광객들이 오사카 도심으로 들어가는 방법 중 하나는, 난카이(南海) 전철을 이용해 난바(難波)로 가는 것이다.

난카이 전철의 첫번째 정차역인 린쿠타운(りんくうタウン)과 두번째 기차역 이즈미사노 모두 행정구역상 이즈미사노시(泉佐野市)다. 그리고 이즈미사노시를 비롯해서 기시와다(岸和田)와 사카이(堺)까지 이어지는 오사카 남부 지역이 모두 센슈 지방이다. 간사이 공항도 센슈 지역에 포함되기 때문에, 오사카·교토·나라·고베·와카야마(和歌山) 등의 관광을 끝낸 여행객들이 1, 2일 남짓 공항 인근에 머물면서 일본 소도시 특유의 향토적인 아름다움을 즐기기에는 센슈 지방이 적합하다.

옛날에 센슈 지방에 셋쓰국(摂津國), 이즈미국(和泉國), 카와치국(河内國)이 존재했다. 그 중에서 이즈미국의 메시노케(食野家)는 부유한 호상(豪商, 밑천이 많은 상인)이었다. 메시노케는 120척이 넘는 거대한 선단

뜨거운 향토애로 오사카 화과자의 전통을 지키고 있는 무카이 신스케 대표

을 갖고 있었으며, 북쪽의 홋카이도(北海道)와 남부의 오키나와(沖繩)는 물론이고 해외 여러 나라들과도 활발한 교역을 하였다. 그때 활동한 무역선들을 '센고쿠부네'(千石船, 천석선)라고 불렀다. 즉 '천석이나 되는 많은 짐을 실었다'는 의미이다.

"1765년에 메시노케에서 일하던 한 장인이 팥를 원료로 정성껏 새로운 화과자를 만들어 주인에게 바쳤습니다. 그러자 메시노케의 주인은 담백한 풍미를 갖춘 새로운 화과자의 탄생에 크게 기뻐하였고, 귀한 손님들을 접대하는 다과상에 올리는 귀한 화과자로 인정했습니다. 그런데 바로 그해, 기시와다(岸和田) 성주가 갑자기 병으로 쓰러져 죽 한 숟가락도 제대로 뜨지 못할 정도의 처지가 되어버렸습니다. 그러자 메시노케에서는 성주의 건강을 기원하는 마음을 담아 정성스럽게 만든 화과자를 헌상했습니다.

기시와다 성주는 고급스럽고 우아한 맛을 가진 화과자를 먹으면서 잃어버린 식욕도 서서히 되찾았고, 건강도 회복되었습니다. 건강을 완전히 회복하게 된 성주는 식욕을 되찾게 해준 신비의 명과에 '시구레'(時雨, 가을에 잠시 내리는 비)라는 이름을 하사했습니다.

무카신(むか新)에서는 센슈 지방의 거상 메시노케와 기시와다 성주의 감동적인 이야기가 담겨 있는 화과자인 '시구레'를 '무라시구레'(むらしぐれ, 늦가을에서 초겨울에 걸쳐 한바탕 내리다가 그치는 가랑비)란 이름을 붙여 판매하고 있습니다.

이러한 향토의 역사와 문화를 고객들에게 널리 알리기 위해 센고쿠부네(千石船) 한 척씩을 제작해서 가게에 전시하고 있습니다. 현재 무카신 본사가 위치한 이즈미사노의 본점에 전시한 3미터 크기의 선박은 일본 제1의 선박 장인이었던 노다 후사요시(野田房吉)가 직접 제작한 작품이며, 그의 작품은 미국 하버드대학과 일본 수상관저에도 전시될 정도로 대단한 명작입니다."

일본의 전국시대에 중국과 유럽을 연결하는 해외 무역의 중심지로 최고의 전성기를 누렸던 센슈지방의 대표적인 화과자 기업 무카신은 1892년에 아름다운 항구도시 이즈미사노시에서 창업을 했다.

이즈미사노의 무카신 본사

130년 전부터 '차와 함께 먹을 때 가장 사랑받는 명과'로 알려진 무라시구레는 홋카이도산 팥을 삶아서 말린 나마안(生餡, 떡 등에 넣으려고 콩을 으깨거나 갈아서 만든 소)에 품질 좋은 일본산 쌀가루와 찹쌀과 설탕을 재료로 해서 만든다. 무라시구레는 지금도 화과자의 장인들이 직접 손으로 하나하나 만드는 센슈지방에서만 볼 수 있는 독특한 천연 무공해 과자이다.

무카신에서 지역을 사랑하는 간절한 마음으로 만든 또 하나의 과자가 있다. 그것은 바로 '원조 오사카 미타라시 단고'(みたらし団子)이다. 일본 화과자의 일종인 단고(団子)는 곱게 간 쌀가루나 밀가루에 따뜻한 물을 부어 반죽한 후 마치 구슬처럼 둥글게 빚어 삶거나 쪄서 만든다. 단고는 원래 다양한 곡물가루를 모아서 만든 과자라는 의미를 갖고 있어, '모으다'(団)와 '분말'(粉)로 표기했다. 그 뒤에 구슬처럼 둥글고 작은 모양을 의미하는 '작다'(子)가 '분말'(粉) 대신에 사용되면서 단

무카신 가게에서 생산한 맛있는 화과자 제품

고(団子)로 표기가 바뀌었다.

미타라시 단고는 긴 꼬치에 꿴 단고 위에 간장과 설탕을 섞은 소스를 발라서 먹는다. 무카신에서 오사카 원조 미타라시 단고를 탄생시킨 비화는 다음과 같다.

오사카는 외국인 관광객들의 수요에 부응하고 국제도시의 위상을 높이기 위해 국제공항을 새로 건설하기로 했다. 그런데 오사카에는 국제공항을 신설할 땅을 더 이상 구할 수가 없었다. 결국 오사카에서는 남부 해안 지역인 센슈지방 앞바다를 매립한 인공섬 위에 국제공항을 신설하기로 결정했다. 그때 무카신에서는 간사이 국제공항이 새로 개항되면 오사카를 찾아온 국내외 관광객들을 위해 향토색이 물씬 풍기는 토산물을 만들어야겠다는 생각을 갖고 있었다.

그래서 무카신의 임직원들이 이타미공항(伊丹空港, 간사이 국제공항 개항 이전에 오사카에 있었던 공항. 현재는 국내선 전용 공항)과 신오사카(新大阪)역으로 가서 그곳에 있는 토산물 판매점들을 조사하기 시작했다. 그런데 아쉽게도 관광객들이 많이 다니는 곳에 오사카를 상징하는 향토 토산물 찾기가 정말 힘든 게 아닌가? 이러한 현실을 안타깝게 생각한 무카신의 임직원들은 '우리가 오사카를 대표하는 특산물을 꼭 만들어 보자!'라는 굳은 결심을 하게 된다.

그 당시 무카신의 임직원들은 오사카의 대표 화과자인 미타라시 단고에 주목했다. 하지만 미타라시 단고는 소스가 겉에 묻어 있어서 고객들이 먹는 동안 소스가 아래로 흘러내린다. 그래서 자칫 잘못하면 소스가 손에 묻거나 옷에 묻기도 했다. 미타라시 단고는 깨끗하게 먹기가 꽤 어려웠다.

그래서 임직원들은 미타라시 단고의 겉에 바른 소스를 역발상으로 미타라시 단고 안에 집어넣으면 좋겠다고 생각했다. 그들은 '미타라시 단고의 역발상'을 제품으로 구현하기 위해 엄청난 시간과 노력을 기울였다. 이것은 한국의 대표 간식인 떡볶이의 겉에 발라진 고추장 양념

소스를 떡볶이 안으로 집어넣는 셈이니, 정말 힘들고 어려운 일이었다. 하지만 '지성이면 감천이다'라고 했던가? 무카신 화과자의 장인들이 수백 번의 실패 끝에 결국 최고의 미타라시 단고를 완성하게 된다.

"무카신 화과자의 미타라시 단고는 떡을 시루에 찐 다음에 하나하나 찧습니다. 떡 찧는 시간을 수학적으로 계산해서 하는 것이 아니라, 장인의 감각으로 식감이 최고로 좋아질 때까지 찧는 겁니다. 또한 단고 안에 들어가는 소스는 건강에 좋은 다시마를 간사이풍의 즙으로 만들어 매콤달콤한 맛이 나게 한 타레소스(タレ?ソース)입니다. 그리고 완성된 미타라시 단고 표면에는 600도 이상으로 가열된 동판(銅版, 구리판)으로 자국을 내서 풍미를 더 끌어 올립니다."

무카신에서 최초로 개발한
미타라시 단고

뜨거운 향토애와 치열한 장인정신으로 만들어진 무카신 화과자의 '원조 오사카 미타라시 단고'는 각고의 노력 끝에 간사이 국제공항이 개항하던 1994년 9월 4일에 첫 발매를 하게 되었다.

수많은 어려운 과정을 극복하고 탄생한 미타라시 단고는 오사카의 특산품으로 인정을 받게 되었고, 각종 TV와 라디오와 잡지 등에 크게 소개되었다. 그러나 무카신 화과자는 여기에 만족하지 않고 새로운 도전을 계속했다.

무카신의 제6대 대표 무카이 신스케(向井新将)가 홋카이도에서 수행을 할 때, '화과자를 선물할 때의 정성스런 마음이 영원히 지속될 수 있는 혼을 담은 상품을 꼭 만들고 싶다'는 간절한 염원을 품게 된다. 그리고 이즈미사노의 본사로 돌아온 사장은 이러한 화과자를 만들기 위해 10년이란 세월을 투자한다. 바로 바움쿠헨의 개발이다.

바움쿠헨(バウムクーヘン)은 무엇보다도 입 속에서 살살 녹는 듯한 부드러운 식감과 깊은 풍미를 가진 농후한 맛이 대단히 중요하다. 그래서 무카이 신스케 사장은 무카신 화과자의 솜씨 좋은 장인들과 함께 산지와 품종이 서로 다른 소맥분(밀가루) 10종류 이상을 사용해서 다양한 실험을 진행했다. 그 결과 깊은 풍미와 농후한 맛이 느껴지는 홋카이도산 소맥분과 부드럽고 촉촉한 맛이 느껴지는 효고(兵庫)현산 소맥분을 이상적으로 배합하는 방법을 알아냈다. 여기에 계란 노른자와 레몬즙을 일정 비율로 첨가해서 뒷맛이 깔끔하면서도 상쾌한 빵을 만들 수 있었다.

또한 그는 수많은 시행착오를 거치면서, 일본산 버터에 향기가 좋은 프랑스제 발효 버터를 배합해서 맛과 향을 동시에 만족시키는 바움쿠헨 전용 특제 버터 가루를 만들어냈다. 그렇게 해서 마침내 재료 본연의 맛을 충분히 살리면서 깊은 풍미가 밴 부드러운 식감을 가진 화과자 코가시 버터의 '천년 바움'(こがしバターの千年バウム)이 드디어 탄생되었다.

향토애와 치열한 장인정신을 가진 무카신 화과자는 그동안의 노력을 국제적으로 인정받았다. 무카신에서 만든 '코가시 버터 케이크(こがしバターケーキ)'가 벨기에의 수도 브뤼셀의 국제적인 품질 인증기관인 몽드셀렉션에서 2010년과 2011년 2회 연속으로 금상을 수상했다.

'코가시 버터 케이크'는 무카신의 양과자 기술 장인인 마이스터 엘린 씨의 50년 이상된 양과자 제조 경력을 바탕으로 탄생한 과자이다. 이 과자의 맛을 결정짓는 코가시 버터(구운 버터가루)를 만들 때는 우수한 열전달 기능을 발휘하는 최고급 동판을 사용한다. 깊은 맛과 향기를 응축한 코가시 버터와 직접 손으로 정성스럽게 짠 레몬과즙을 배합한 뒤, 최고급 동판 속에서 굽는다. 이렇게 탄생한 코가시 버터 케이크는 고급스러운 풍미가 입안 가득히 퍼지면서 뒷맛이 깔끔한 마법 같은 양과자가 된다.

가업을 대대로 이어나가는 것을 소중하게 생각하는 일본에서도 선조가 물려준 가업을 백 년 이상 유지한다는 것은 결코 쉽지 않은 일이다. 무카신 화과자도 그동안 수많은 역경과 도전을 극복해야 했다. 특히 제5대 대표인 무카이 아라타 씨는 갑자기 발생한 힘든 일들을 강력한 의지와 뜨거운 집념으로 이겨내야만 했다.

무카신 화과자의 제4대 사장은 그의 어머니였다. 무카이 아라타 씨의 아버지가 일찍 돌아가셨기 때문에 어머니가 무카신 화과자의 경영을 맡아야 했다. 무카이 아라타 씨가 결혼하고 한 달 뒤, 이즈미오오즈역 빌딩에 무카신 화과자 가게를 새로 열게 되었다. 그런데 부푼 희망을 안고 가게를 개업하는 그날에 안타깝게도 그의 어머니가 갑자기 쓰러졌고, 3일 후 유언 한마디도 남기지 못한 채 이 세상을 떠나버렸다.

슬픈 일은 한꺼번에 몰아서 온다고 했던가? 어머니를 잃은 슬픔이 채 가시기도 전에, 그의 동생마저 6개월 후에 갑자기 세상을 떠나는 비통한 일이 또 일어났다.

크나큰 꿈을 안고 새로 개업했던 화과자 가게의 매출마저 바닥을

칠 정도로 성적이 형편없는 게 아닌가? 어떤 날은 하루 매출이 고작 2000엔인 적도 있었고, 또 어떤 날은 오전 내내 단 한 명만 방문한 적도 있었다. 24살의 젊은이였던 무카이 아라타 사장은 오직, 단 한 명의 손님을 향해 큰 소리로 이랏샤이마세(いらっしゃいませ, 어서오세요)를 외치며 허리를 90도로 숙여야 했다.

연속해서 찾아오는 가정의 불운과 처참한 사업의 실적 때문에 참담한 심정이 된 그는 마음속으로 뜨거운 눈물을 쏟아야 했다. 너무나 깊은 절망감에 빠진 그는, 결국 '무카신 화과자를 폐업해야겠다'는 생각을 할 지경에 이르렀다. 엄청난 상실감에 빠져 의기소침해진 그에게 큰 용기와 희망을 불어넣어 준 것은 이즈미사노 이웃주민들이었다. 주민들은 그에게 '만약 무카신 화과자가 폐업을 하면, 센슈 지방의 자랑스러운 화과자 문화가 영영 사라지는 것'이라고 이야기했다.

무카이 아라타 사장은 이웃 주민들의 충고 속에서 큰 깨달음을 하나 얻었다. 그것은 그가 지금 하고 있는 일은 단순히 화과자를 만들어서 파는 장사가 아니라, 오사카 남부 지역인 센슈 지방의 자랑스러운 역사와 문화를 사람들에게 알리는 대단히 소중한 일을 하는 것이라는 사실이었다.

결국 그는 돌아가신 어머니를 추모하기 위해 집안에 모셔 놓은 불단 앞에 두 무릎을 꿇고 앉아서 하염없이 뜨거운 눈물을 흘렸다. 그리고 어머니께서 26살의 젊은 나이에 남편을 잃고 3명의 아이들을 홀로 키우면서 20여 년 동안 꿋꿋하게 운영해 온 무카신 화과자를, 목숨을 다해 지켜나가겠다고 굳게 결심했다. '세상만사는 마음먹기에 달렸다'는 옛말이 있다. 마음을 굳게 먹고 새롭게 결심한 그는, 자신을 믿고 끝까지 의리를 지키며 남아 준 직원들과 함께 '센슈지방의 자랑'인 무카신 화과자를 다시 재건하기 위해 불철주야로 노력을 기울였다.

뜨거운 열정은 쇠도 녹이고, 간절한 진심은 바위도 뚫는 법이다.

무카이 아라타 대표가 직원들과 함께 심기일전해서 혼을 다한 마음으로 노력을 열심히 기울인 결과, 현재 간사이 국제공항·사카이·와카야마를 비롯해 20개의 가게들이 성업 중에 있다. 또한 오늘도 '센슈지방의 자랑스러운 향토 화과자'를 열심히 만들고 있는 이즈미사노시의 본점에는 무카신 화과자의 열정에 감동한 많은 고객들이 먼 길을 마다 않고 찾아오고 있다. 주요 상품을 소개하면 다음과 같다.

무라시구레

원조 오사카 미타라시 단고

천년의 바움쿠헨

센고쿠

사쿠라 도라야키

이로하쿠라

　에도시대 중반 이후 무카신이 있는 이즈미사노는 연안 운송업으로 인한 선박 간의 왕래로 항상 활기찼다. 센고쿠는 당시 운송업으로 활약한 키타마에 센고쿠선(北前千石船)의 이름에서 유래해 깔끔한 흰팥을 넣어 구운 과자로, 오랜 세월 센슈의 손님들에게 사랑받았다. 센고쿠의 모양은 키타마에 센고쿠(北前千石)선에 적재 했던 쌀 가마니를 형상화해 만든 것이다.

　사쿠라 도라야키는 벚꽃 잎을 잘라 팥에 넣어서 봄의 향기를 느낄 수 있는 도라야키다. 그래서 봄에만 한정적으로 판매한다.

　이로하쿠라는 아로하 48창고에서 유래했다. 이즈미사노시 혼마치(本町)와 모토마치(元町) 해안선 도로의 양측에는 여러 개의 흙벽으로 된 창고가 남아 있다. 만들어진 시기는 상세히 알 수 없으나, 겐로쿠시대(元禄時代)의 아코번(赤穂藩)「낭인 47인의 전기(忠臣蔵, 일명 츄신구라)」에 메시노케의 이로하 48창고가 있었다는 기록을 찾아볼 수 있다. '이로하 사이츄'는 이로하 48창고에서 유래했고, 현재 이로하쿠라라는 이름으로 판매하고 있다고 한다.

　메시노쵸쟈는 홋카이도(北海道)산 우유와 향기가 그윽한 발효 버터,

그리고 신선한 달걀을 많이 사용하여 구운 전병이다.

메시노쵸쟈

이즈미사노에 위치한 화과자 기업 무카신 본사

오사카 화과자 사장이
두 무릎을 꿇고 불단 앞에서 눈물을 흘린 이유는?

오사카의 노포들이 대를 이어 수십, 수백 년 동안 장사를 하면서 경험한 다양한 비하인드 스토리를 취재하면서 필자는 많은 것을 느꼈다.

그중 하나가 그들이 노포가 되는 과정은 결코 순탄하지 않았다는 것이다. 그들의 앞길에는 수많은 고난과 역경이 있었지만, 결코 포기하지 않고 남다른 열정, 의리, 집념, 용기와 노력으로 한 발 한 발 힘겹게 전진해 나갔다.

무카신 화과자의 무카이 아라타 사장도 마찬가지였다.

결혼 한 달 후 부푼 꿈을 안고 개업한 당일에 갑자기 세상을 떠나신 어머니, 비통함이 채 가시기도 전에 맞이한 동생의 죽음, 그리고 이어진 사업의 부진. 모든 것을 포기하려던 절망의 순간에 그를 따뜻하게 격려하고 마음의 중심을 잡아준 고마운 이웃들.

"만약 무카신 화과자가 폐업을 하면 센슈지방의 자랑스러운 화과자 문화가 영영 사라지는 것이다!"

돈을 많이 벌기 위해서가 아니라 오직 오사카 남부 해안 지방 센슈의 역사와 전통이 깃든 화과자 문화를 계승해 가기 위해, 고인이 된 어머니를 추모하는 불단 앞에 두 무릎을 꿇고 뜨거운 눈물을 흘리며 재기를 결심한 그의 이야기는 필자에게 많은 것을 생각하게 했다.

이런 눈물과 땀의 이야기가 켜켜이 쌓여, 오사카 상인들의 혼을 더욱 발전시키는 것이 아닐까?

찾아가는 길

무카신 본점 (むか新本店)

주소 : 大阪府泉佐野市上町3丁目11-4

전화번호 : 072-464-0100

영업시간 : 09:00~19:30 (수요일 휴무)

전철역 : 이즈미사노(泉佐野)역 남쪽 출구 도보 1분

홈페이지 : http://www.mukashin.com/sp/company/

사카이 본관 (堺本館)

주소 : 大阪府堺市堺区櫛屋町東 1-1-10

전화번호 : 072-227-0330

영업시간 : 09:00∼ 19:30 (수요일 휴무)

전철역: 한카이 전기궤도(阪堺電軌) 한카이선(阪堺線) 하나타구치(花田口)역

TIP 오사카 상인들이 세운 최초의 학교, 회덕당

오사카의 상인들이 힘을 모아 '일본 최초의 상인 학교'를 세웠다고?
그렇다.

오사카의 상인들은 단순히 사업만 하는 장사꾼이 아니었다. 그들은 미래를 내다보고 새로운 혁신을 준비하는 진취적인 개혁가들이었다.

에도의 권력자인 도쿠가와 요시무네가 제8대 쇼군일 때, 오사카의 위대한 상인 5명이 함께 모였다. 그들은 오사카의 새로운 경제 도약을 위해 오사카에 상인학교를 건립하기로 뜻을 함께 했다. 이렇게 의기투합한 그들은 '5동지회'를 결성했다. 그 당시엔 학교 설립에 관한 인가를 얻으려면 에도로 가야 했기에, 그들은 많은 준비를 하고 에도로 떠났다. 그들은 에도에서 무려 5개월이나 기다린 끝에 학교 설립인가를 가까스로 받을 수 있었다.

매우 기쁜 마음으로 오사카로 다시 돌아온 그들은, 요도바시(淀橋)역 인근의 사찰인 도묘지(東明寺) 부지 위에 학교 건물을 짓기 시작했다.

1724년, '일본 최초의 상인학교'인 회덕당(懷德堂 카이도쿠도)을 짓기 위해 많은 사재를 출연한 5동지회는 저명한 유학자인 미야케세키안을 초대 학장으로 모시고 학교를 개교한다.

지금으로부터 300년 전에 개교했던 회덕당은 지금 생각해도 놀라울 정도로 혁신적인 학교였다. 초대 학장인 미야케세키안이 회덕당을 개교할 때 대형 현수막을 내걸었는데, 그 내용이 대단히 혁신적이다.

1. 책이 없는 사람도 강의를 들을 수 있다.
2. 피치 못할 사정이 있으면 강의 도중에 나가도 좋다.
3. 좌석은 무가(武家)를 상석에 지정하지만, 강의 개시 후에는 신분에 따라 나누지 않는다.

엄격한 사농공상(士農工商)의 신분제도가 엄격히 시행되던 에도시대에 오사카 상인들이 사재를 출연해서 '상인들을 위한 학교'를 설립한다는 것은 그야말로 혁신적인 일이었다. 그런데 학교를 운영하는 방식도 아주 멋지지 않은가?

'회덕당의 좌석은 신구(新旧), 장유(長幼), 성적(成績) 순에 따라 서로 양보한다'고

오사카 회덕당(카이도쿠도) 터

가르쳤고, 또 '학생들간 교류는 귀천을 가리지 않고 모두 다 동창(同窓)이다'라고 가르
쳤으며, 학생들은 정식으로 입문 절차를 거치지 않고도 수업을 들을 수 있었다.

회덕당의 교풍(校風)은 평등하고, 자유롭고, 창의적이었으며, 오히려 21C의 편협하
고, 고루하고, 차별적인 교육자들이 부끄러움을 느껴야 할 정도로 혁신적이었다.

현대의 평생학습기관 같은 역할도 수행했던 회덕당은 고루하고 추상적인 주자학(朱
子學)만 가르치지 않았다. 학문의 실천과 생활에 활용하는 것을 더 중요하게 생각하는
양명학(陽明學)도 함께 가르쳤다. 그 결과 회덕당은 개교한 지 불과 2년 만에 에도막부
로부터 그 공적을 인정받아 오사카 학문소(大阪学問所)로 공인을 받게 된다. 이러한 경
사를 축하하는 기업 강연회가 열렸는데, 그날 미야케세키안 초대학장은 '논어'와 '맹자'
를 강의했다.

회덕당에서 장사와는 아무 관련이 없는 공자와 맹자의 가르침인 유학을 가르쳤다고? 그렇다!

왜냐하면 오사카의 위대한 상인들의 모임인 5동지회와 미야케세키안 초대 학장은 학생들에게 단순히 눈앞의 이익에만 매몰되어 단기간에 돈을 버는 방법을 가르치는 것이 아니라, 경영을 통해 오사카와 일본을 발전시키는 더 큰 이득을 장기적으로 구현하는 위대한 '기업가의 도'를 가르치고 싶었기 때문이었다.

그래서 미야케세키안 초대 학장은 기념 강연회에서 다음과 같이 말했다.

"학문이란 무엇을 배우는 것인가? 도(道)를 배우는 것이다. 도(道)는 무엇인가? 인간(人間)의 도(道)이다.

그러나 현실적으로는 한쪽으로 치우치거나, 혹은 온갖 욕망으로 인해 사람이 선천적으로 갖고 있는 도(道)를 잃어버리는 경우도 생긴다.

그런데 그것을 절대 잃어버리지 않는 사람을 우리는 성인(聖人)이라고 부른다. 배움이라는 것은, 다시 말해서 성인의 길(道)을 배우는 것이다."

회덕당에서는 상인들이 대부분인 학생들에게 상업 활동이나 영리 사업에 관한 것만 가르친 것이 아니라, 모든 것을 근본적으로 지탱하는 인간의 도(道)를 설파했다. 즉, 군자(君子)가 가야 할 도리를 가르친 것이다.

회덕당에 관한 기록(1911년 발간)

제3부

오사카를 가꾸는 사람들

01

투자자들을 위한 등대지기, 오사카의 종합 부동산 관리 기업

마이 그룹 회장 마사이 코지

마사이 그룹(MY GROUP)의 마사이 코지(正井宏治) 회장과 인터뷰를 끝내고 오사카 최대의 번화가인 도톤보리를 걸었다. 화려한 봄꽃으로 뒤덮힌 오사카 성으로 걸어 가면서, 인기애니메이션 〈슬램 덩크〉에 나오는 가수 강산에의 노래 〈거꾸로 강을 거슬러 오르는 저 힘찬 연어들처럼〉이 문득 떠올랐다.

강의 상류에서 태어난 연어는 드넓은 바다로 나가 생활을 하다가 다시 고향을 찾아오는 회유성 어류이다. 연어의 영어 명칭인 Salmon은 '튀어 오르다'는 의미를 가진 라틴어인 'salire'에서 유래했다고 한다.

연어는 무려 8천 8백만 년 전의 화석이 미국 서부해안 지역에서 발견될 정도로 유서깊은 어류이다. 한국에서는 양양의 남대천이나 울산의 태화강에서 연어들이 회귀하는 장면을 볼 수 있지만, 가장 역동적인 연어의 모습을 볼 수 있는 곳은 태평양과 대서양을 헤엄쳐 온 연어떼가 수백 km나 되는 강의 상류로 거슬러 올라가는 미국과 캐나다이다.

북아메리카의 가을인 9월~11월 사이에 자신의 고향인 강의 상류로 올라가기 위해, 사나운 곰들이 기다리는 위험 가득한 폭포를 힘차게 튀어 오르는 연어의 역동적인 모습은 그야말로 감동적이다.

마사이 코지 회장

재일동포의 열정과 의지로 일본에서 성공한 마사이 코지 회장은 자신의 마음속에 품고 있던 원대한 비전과 희망과 성공의 씨앗들을 사랑하는 한국의 젊은이들과 아낌없이 나누기 위해, 자신의 모국이자 영혼의 뿌리인 대한민국에 투자법인(크리에이티브 팜)을 개설했다.

거센 물살을 거슬러 오르고 수직으로 내려꽂히는 폭포수를 힘차게 날아오르는 활기찬 연어처럼 생기 · 패기 · 원기 왕성한 활동을 역동적으로 전개하고 있는 마사이 코지 회장은 재일동포 2세이다. 그의 부모님은 일제 강점기에 일본으로 건너간 디아스포라(Diaspora, 고향을 떠나 해외에 흩어져 사는 사람들)였다.

현재 전세계 160여 개 국가에 730여 만 명의 해외동포들이 디아스포라로 살고 있다. 그런데 그 중에서도 '해외로 최초 이주한 한국인'은 단연코 재일동포들이다. 왜냐하면 한반도의 남해안에서 청동기문화의 꽃을 피웠던 가야인들이 대거 일본으로 건너간 때가, 무려 2천여 년 전이기 때문이다. 그 당시 일본 열도는 가야인들에게서 쌀농사를 배우고, 가야인들이 전해준 청동기를 사용하던 야요이시대(BC 5세기~AD 3세기)였다.

그후 수많은 백제인들이 일본으로 건너갔다. 그들은 일본 최초의 통일정권인 야마토(大和) 조정이 불교문화를 만개하도록 크게 기여했다. '일본 최초의 수도'였던 아스카는 한문으로 비조(飛鳥)라고 쓰기도 하고, 또 안숙(安宿)이라고 쓰기도 한다. 수많은 백제인들이 '새처럼 날아가서(飛鳥) 편안하게 잠을 이룰 수 있는 둥지(安宿)'를 만들었기 때문이다.

우리의 선조들이 가장 많이 일본으로 건너간 시기는 일제 강점기였다. 일제 강점기에는 무려 2백만 명이나 되는 우리의 선조들이 일본 열도 곳곳에서 살고 있었다. 그 중에서 '일본의 4대 도시' 중 하나인 오사카는 마사이 코지 회장의 선조가 정착한 도시이다.

오사카에서 살던 조선인들은 많은 차별과 역경 속에서 인생을 힘겹게 개척해야 하는 언더 독(Ynder Dog)이었다.

마사이 코지 회장의 선친의 고향은 경북 군위이고, 본관은 밀양 박씨이다. 군위와 밀양은 오랜 역사를 간직한 고장이다. 군위는 한반도의 척추에 해당하는 태백산맥 아래 위치한 고즈넉한 전원 지역이다. 이곳에는 한국인들이 가장 존경하는 천주교 지도자와 깊은 관련이 있는 곳이다. 바로 한국 천주교의 위대한 인물이며, 한국인들이 가장 존경하는 종교 지도자였던 김수환 추기경(1922년~2009년)이다.

김수환 추기경은 1969년에 요한 바오로 6세에게 '한국인 최초의 추기경'으로 임명된 후, 격동의 세월을 보내고 있던 수많은 한국인들을 인자한 미소와 따뜻한 손길로 보듬어 주셨던 분이다.

김수환 추기경은 독실한 천주교 신자였던 부모님이 거주하던 군위에서 가난한 어린 시절을 보냈다. 그래서 군위군에서는 김수환 추기경의 부모님이 옹기를 구우며 생활을 했던 옛 초가집을 복원한 '김수환 추기경 생가'와 '김수환 기념공원'을 건립했다.

마사이 코지 회장은 재일교포 1세였던 아버지를 따라 "선조들의 무덤이 있는 경북 군위를 처음으로 방문했던 순간이, 마치 어제 일처럼 생생하게 기억이 난다"고 말하며 깊은 감회에 젖었다. 몸은 비록 일본에 있지만 언제나 고향을 그리워하는 재일동포 사업가의 애틋한 마음이 필자에게도 이심전심으로 느껴지는 가슴뭉클한 순간이었다.

마사이 코지 회장의 본관인 경남 밀양은 영화로 더욱 잘 알려진 곳이다. 칸 영화제에서의 수상으로 전도연을 '칸의 여왕'으로 만들어준 영화 〈밀양〉의 무대이기도 하다. 밀양은 남한에서 가장 긴 강인 낙동 강 변에 위치한 아름다운 강변도시이다.

밀양은 일본과도 깊은 인연을 맺고 있는데, 임진왜란·정유재란 당시 의병으로 잘 알려진 사명대사(1544년~1610년)가 태어난 곳이기 때문이다. 사명대사 유정은 전쟁이 끝나고 나서, 도쿠가와 이에야스가 세운 에도막부(江戶幕府)의 초청으로 '최초의 조선통신사'가 되어 일본으로 건너 갔다. 선조 37년(1604년)이었다.

사명대사는 조선통신사를 이끌고 에도(현재의 도쿄)로 가는 도중에 오카야마(岡山)현 세토우치(瀬戶)시의 우시마도(牛窓) 항구에 배를 정박시켰다. 그러고는 우시마도 항구에 있는 사찰에서 머물렀는데, 그동안 그곳에 있던 일본인 스님을 비롯해서 여러 명의 일본인 관리들과 많은 교류를 나누었다. 그때 맺어진 깊은 인연은 유정 스님이 입적(入寂, 승려가 돌아가심)한 이후에도 계속 이어졌고, 그 이후 우시마도 항구에서는 이러한 전통을 이어가는 '조선통신사 축제(朝鮮通信使祭り)'를 매년 성대하게 개최하고 있다. 이 축제에서는, 400여 년 전에 조선통신사들이 전해준 '조선의 어린 무동(舞童)의 춤'인 카라코 오도리(唐子舞)를 지금까지도 공연하고 있다.

우시마도 항구의 옥빛 앞바다가 환상적인 '조선통선사 기념관'에 가면, 밀양시에서 기증한 조선시대의 민속자료들이 잘 정리되어 있고, 또 밀양의 표충사(表忠寺)에는 유정 스님의 유물 200여 점을 문화재로 잘 보관하고 있다.

1604년에 사명대사 유정이 에도에 머물며 도쿠가와 이에야스(1542~1610)를 만났을 때 유명한 일화가 있다. 그 당시 도쿠가와 이에야스의 기세는 하늘을 찌르고도 남을 정도였다. 왜냐하면 조선을 7년 동안 침략하는 큰 전쟁인 임진·정유재란을 일으킨 일본 최고의 권력자였던 도요토미 히데요시(1537~1598)가 갑자기 죽은 후, 도요토미 히데요시의 아들인 히데요리를 추종하는 적군과 세키가하라에서 벌인 대규모 전투에서 승리를 하며 천하의 패권을 잡았기 때문이었다.

'세키가하라 전투'(1600)에서 대승하고 일본 최고의 권력자인 쇼군이 된 그는 아주 거만한 자세로 사명대사 유정과 만났다. 그는 사명대사 유정에게 다음과 같은 시를 읊는다.

딱딱한 돌에서는 풀이 나기 어렵고, 비좁은 방 안에는 구름이 일어나기 어렵다.

그런데 너는 도대체 어느 산에 사는 이름모를 새이기에, 감히 여기 봉황의 무리 속에 끼어 들었는가?

그러자 한바탕 호탕한 웃음을 터뜨린 사명대사는 일본 최고 권력자인 도쿠가와 이에야스에게 다음과 같은 시로 응수한다.

나는 본래 청산(靑山)에 살고 있던 백학(白鶴)이었는데, 항상 오색구름을 타고 놀았다.

그런데 어느 날 오색구름이 사라지는 바람에, 재수없게 닭의 무리 속에 떨어졌노라.

마사이 코지 회장은 선조들의 뿌리가 시작된 군위와 밀양에 대한 이러한 역사적 사실을 잘 알고 있었기 때문에, 본인도 기회가 되면 한일간의 경제 · 문화 · 인적 교류를 활성화시키는 뜻깊은 일에 참여하려는 생각을 많이 갖고 있었다. 그래서 그는 본인의 모국인 한국에 투자하기 위한 법인인 '크리에이티브 팜'을 만들었고, 한국 사무실을 제주도에 개설했다.

현재 마사이 코지 회장은 요식업 · 호텔관광업 · 부동산 관리업 · 일본 투자자문을 주력 업종으로 하는 마이그룹(MY GROUP)의 대표이다.

그는 오사카의 재일동포들이 모국의 경제 발전에 기여하고자 하는 일념으로 1982년 7월 7일에 창립한 신한은행의 주주로서, 매년 10회 이상 한국과 일본을 왕래하면서 한일간의 경제교류 촉진과 문화교류 활성화를 위해 다양한 활동을 하고 있다.

'일본 최초의 왕실 사찰'인 시텐노지(四天王寺)에서 매년 개최하는 '한민족 문화 예술 축제'인 〈시텐노지 왓소(사천왕사 왔소) 축제〉를 신한은행 창립자인 이희건 회장이 처음 기획했을 때부터 그 역시 적극적으로 참여했고, 한국의 K-컬처를 일본인들에게 널리 알리는 데 많은 관심과 열의를 가지고 있다.

마사이 코지 회장은 1970년에 오사카 만국 박람회가 개최되었던 반파쿠공원(万博公園) 인근에 일본의 온천욕과 한국의 찜질방의 장점을 결합한 온천 스파인 '스미레노유'를 운영하고 있다. 높이 3,776미터의 후지산이 한눈에 들어오는 자리에 최신 스타일의 관광 호텔인 '후지자크라 호텔'을 개업했다. 또한 〈2025 오사카 간사이 월드 엑스포(EXPO 2025 大阪·関西万博)〉 개최를 계기로 '일본내 해외 관광객 증가 1위 도시'로 떠오른 오사카에 부동산을 투자하는 국내외 투자가들을 위해 다양한 부동산 투자자문·정보 제공·부동산 위탁관리 등의 업무를 수행하고 있다.

한국와 일본을 오가면서 왕성한 활동을 하는 마사이 코지 회장과의 인터뷰는 오사카의 스미에노유·후지 자크라 호텔·인천국제공항의 파라다이스 호텔 등에서 여러 차례 진행되었다. 먼저 그가 한국에 투자하는 이유가 궁금했다.

"그것은 우리들의 모국이자, 선조들의 뼈가 묻혀 있는 조국인 한국을 항상 그리워하셨던 선친의 오랜 바램이셨습니다.

제 선친은 일제강점기에 오사카에 오신 재일동포 1세이십니다. 애플 TV+에서 방영한 드라마 〈파친코〉를 통해서 전세계에 알려졌듯이 오사카 츠루하시 일대에 살고 있던 재일동포들은 일제강점기 동안 엄청난 역경과 고난을 겪어야 했습니다.

제 선친도 민족적인 차별과 냉대를 받는 현실 속에서 다른 재일동포들처럼 '자식들만은 공부를 열심히 시켜야 한다'면서 정말 부단히 노력하셨고, 또한 '모국인 한국의 발전과 부흥에 기여하는 일이라면 무엇이라도 해야 한다'고 늘 강조하셨습니다.

그러나 태평양 전쟁이 끝나고 해방이 된 후에도 현실은 좀처럼 나아지지 않았습니다. 1945년 8월에 해방이 되자, 일본에 사는 우리 재일동포들은 당장의 생존조차 기약할 수 없는 절체절명의 대혼란에 직면했습니다. 특히 일본 내에서 가장 많은 재일동포들이 살고 있던 오사카에서 일어난 미증유의 대혼란은 이루 말로 다 표현할 수 없을 정도로 매우 심각했습니다.

그 당시 오사카는 미군의 공습으로 인해 도시 곳곳이 파괴되는 바람에 도시 기능이 거의 마비된 거대한 폐허더미에 불과했습니다. 게다가 요시다 내각에서 배급제도가 파탄난 급박한 상황에다 미국인 은행가인 조지프 도지가 제안한 초긴축 경제 정책을 받아들여 졸속으로 발표하는 바람에, 종전 직후에 빈사 상태로 비틀거리던 오사카 경제는 그만 그대로 주저앉을 것 같은 벼랑끝에 서 버리고 말았습니다.

그렇게 되자 수많은 사람들은 당장의 굶주림을 면하기 위해 공터로 몰려나왔고, 자신들이 손에 들고 나온 것들을 땅바닥에 하나둘씩 늘어 놓고 팔기 시작했습니다. 그들은 집안에서 대대로 내려오는 가보, 혼사를 준비하는 자식들에게 선물하려고 애지중지 모아 두었던 옷감들, 어린아이들이 갖고 놀던 장난감들을 비롯해서 돈으로 바꿀 수 있는 것은 무엇이든지 가리지 않고 들고 나왔습니다. 그야말로 순식간에 생존을 위한 처절한 임시 시장이 오사카의 조선인 마을 부근에 생긴 겁니다.

우리 재일동포들도 극심한 공포와 두려움으로 망연자실한 표정을 짓고 있는 일본인과 중국인들 사이에서 오직 살기 위해, 두 팔을 허겁

지겁 걷어붙인 채 김치를 팔고, 떡을 팔고, 헌옷과 낡은 신발들을 열심히 수선했습니다.

전쟁이 일어나기 전만 해도 오사카는 '일본의 멘체스터'라는 칭송을 들을 정도로 튼실한 공업도시였습니다. 특히 오사카에서 생산하는 캐미컬 샌들은 일본 전체 생산량의 60%나 차지했고, 재일동포들이 집단으로 거주하던 히라노 강변에는 고무와 유리와 법랑 등을 가공하는 '마치코바'(동네 공장)들이 즐비했습니다.

그래서 일제강점기에 오사카로 건너온 가난한 재일동포들은 지금의 코리아타운이 위치한 히라노 강 인근의 허름한 함바(노동자 합숙소)나 나야(헛간)에 거주하면서 힘든 생활을 이어가고 있었습니다. 그런데 일본 정부의 현실을 도외시한 초긴축정책과 인플레이션 때문에 50%나 되는 공장들이 도산했고, 동포들은 60%나 실업자로 전락하고 말았습니다.

우리 동포들은 그야말로 목숨을 부지하기 어려울 정도로 급박한 죽음의 사선으로 내몰리게 된 겁니다. 그 당시 오사카 코리아 타운 인근인 츠루하시의 넓은 공터에 생긴 임시 시장의 광경은 흡사 한국의 영화 〈국제시장〉의 한 장면과 흡사했습니다. 팔도에서 모여든 피난민들이 낡은 옷가지들과 살림살이들을 거래하며 모진 생명을 하루하루 연명하던 장면 말입니다."

부산이 고향인 필자 역시 국제시장에 대해 잘 알고 있기에 저절로 깊은 한숨이 새어나왔다.

"본래 츠루하시 일대는 대대로 '이카이노'라고 불리던 지역입니다. 이카이노는 '멧돼지들이 서식하던 곳'이라는 의미가 담겨 있는데, 히라노 강 주변의 숲과 습지가 있는 넓은 벌판을 말합니다. 그곳은 '일본의 왕들이 멧돼지 사냥을 왔다'는 기록도 있고, 또 '돼지를 기르는 사람들'도 살았다고 합니다.

그런데 구불구불한 히라노 강이 수로공사로 인해 곧게 정비가 되고 토목공사와 건축공사가 늘어나고, 또 오사카의 동네 공장들인 '마치코바'들이 히라노 강 일대에 들어서면서 일자리들이 많이 늘어나게 되었죠. 게다가 1923년에 제주도와 오사카 사이를 직항하는 여객선인 '기미가요마루'가 운행을 시작하면서, 제주도에 살던 동포들이 오사카로 많이 건너왔습니다.

그래서 자연스럽게 히라노 강변 마을인 이카이노 일대에 재일동포들이 가장 많이 거주하는 마을이 조성되고, 또 이 작은 골목에 '조선인 시장'이 생기게 된 것입니다. 그 당시 츠루하시의 공터에는 장사하는 상인들의 숫자가 2천 명이나 되었고, 그곳을 찾아오는 일본인 손님들이 하루에 20만 명이나 될 정도로 '오사카 최대의 임시 시장'이었습니다.

그러다가 1946년 갑자기 우리 동포들에게 그야말로 청천벽력 같은 대사건이 일어났습니다. 연합국 최고 사령부(GHQ)와 오사카 시에서, 동포들의 유일한 삶의 터전인 츠루하시 임시 시장을 강제로 전면 폐쇄해 버린 것입니다. 그 넓은 공터의 가장자리를 따라 긴 철조망이 쳐지고, 사람들의 출입이 일시에 차단된 것입니다.

하루아침에 생계를 잃어버린 임시 시장의 상인들은 두 발을 동동 구르며 안타까워했지만 서슬퍼런 미 군정시절이었기 때문에, 그야말로 우리 동포들은 유배지에 떨어진 죄인처럼 꼼짝달싹할 수조차 없었습니다. 그런데 바로 그때, 제 선친과 친하신 열혈 재일동포 한 분이 '동포들의 해결사'를 자청하고 나섰습니다. 그분이 바로 신한은행의 창립자인 이희건 회장님이십니다."

마사이 회장은 잠시 말을 끊었다가 다시 이었다.

"갑자기 츠루하시 시장을 폐쇄하게 되자, 츠루하시 시장의 상인들은 물론이고 시장에서 생필품을 구하던 일반 시민들까지도 생계에 막대한 타격을 받게 되었습니다. 많은 사람들이 이처럼 곤경에 처하게 되자, 이희건 회장께서 그 일을 해결하기 위해 두 팔을 걷어붙이고 나서게 되는데, 그 당시 이희건 회장님은 츠루하시 시장 안에서 자전거 타이어 가게를 하고 있었죠.

이 회장님은 자신의 생업도 전폐하고, 상인들을 규합해서 '상인연합대책위원회'를 결성했습니다. 그리고 연합국 최고 사령부와 오사카시와 오사카 경찰을 상대로 오랜 설득 작업을 펼쳤고, 결국 츠루하시 시장을 합법화된 공식 시장으로 허가를 받아냈습니다. 그리고 미래의 발전을 위해 '츠루하시 국제상점가연맹번영회'를 조직했습니다.

이렇게 해서 츠루하시 시장(鶴橋市場)이 오사카를 대표하는 거대한 생필품 시장으로 발전하는 토대를 만들었습니다. 30세의 젊은 나이인 이회장님은 츠루하시 국제상점가연맹번영회장을 맡아 활동하면서 동

츠루하시 시장

포들을 돕는 일에 앞장섰습니다. '영세한 자금 사정 때문에 몹시 힘들어하는 동포 상인들과 서민들을 돕기 위한 금융기관 설립이 절실하다'는 생각에 오사카흥은(大阪興銀)을 설립했습니다. 재일교포 사회를 위해 실로 엄청난 일이 아닐 수 없습니다.

그때 저도 오사카시 이쿠노구(生野区)에 있는 오사카흥은에서 일했습니다. 점차 오사카흥은이 '영세 기업인과 서민들을 위하는 아주 친절하고 정직한 은행'이라는 소문이 크게 나기 시작했습니다. 그 덕분에 오사카흥은은 간사이흥은(関西興銀)으로 발전했고, 또 간사이흥은은 킨키산업(近畿産業)으로 비약적인 발전을 거듭했습니다."

"이희건 회장님은 오사카의 재일교포 사회에서 매우 신망이 두터운 '선구자적인 금융인'이셨습니다. 저는 이희건 회장님과 함께 오사카흥은과 간사이흥은과 킨키산업에서 계속 근무를 하면서 금융업에 대한 다양한 경험을 쌓았고, 또 선진 각국의 금융기법에 대한 공부를 열심히 했습니다. 그러던 중에, 이희건 회장님께서는 88 서울 올림픽을 6년 앞둔 1982년에 모국인 한국의 경제발전에 기여하기 위해 신한은행을 창립하셨습니다.

저의 선친께서도 이희건 회장님께서 평소에 말씀하신 '고국 발전을 위한 재일동포들의 책무와 한국과 일본 경제의 교류 활성화'에 대해 적극 공감하고 있었기 때문에, 신한은행의 주주로 참여하셨습니다.

당시 한국에는 여러 은행들이 있었지만 선진 은행의 금융기법을 잘 모르고 있었고, 또 타성에 젖은 안이한 경영을 하고 있었습니다. 그래서 '한국 금융계에 새로운 창의와 혁신을 일으키겠다'는 남다른 각오를 하게 되었습니다. 그 덕분에 신한은행은 1982년 7월 7일에 서울의 중심인 명동에 문을 열자마자 혁혁한 성과를 이루기 시작했습니다.

이희건 회장님께서는 일본에 있던 오사카흥은 연수원으로 신한은행의 한국인 임직원들을 모두 초청해서 일본과 미국의 선진 금융기법과 노하우를 전수했고, 고객 응대 · 예금 · 대출 등의 실질적인 교육을 이수하도록 했습니다. 그 결과 신한은행은 창립 초기부터 언론과 방송으로부터 큰 주목을 받았고, 비약적인 성장세를 보이기 시작했습니다. 현재는 신한은행 · 신한카드 · 신한투자증권 · 신한캐피탈 · 신한자산운용 · 신한저축은행 · 신한자산신탁 · 신한 EZ손해보험 · 신한라이프 · 신한벤처투자 · 신한리츠운용 · 신한 벤처투자 · 신한 AI · 신한DS가 모두 함께 하는 〈신한금융그룹〉으로 눈부신 발전을 거듭하고 있습니다.

이것은 신한은행이 '대한민국의 경제발전을 견인하는 금융의 엔진

신한은행 창립 신문광고(1982)

이 되겠다'는 재일동포들의 오랜 염원을 이루기 위해 강력한 시동을 건 지 불과 40년 만에 이룬 엄청난 쾌거이자, 마법 같은 기적입니다.

저도 이희건 회장님의 높은 뜻과 선친의 유지를 받들어 신한은행의 주주로 참여한 재일동포 기업인으로서 향후 한국 금융의 발전뿐 아니라, 한국과 일본 간의 우호와 교류에도 기여하기 위해 최근에 한국에 법인을 새로 만들었습니다."

필자는 신한은행이 명동에 첫문을 열던 1982년 여름의 상황을 아직도 생생하게 기억하고 있다.

한국의 금융계 인사들은 '오사카의 재일동포들 341명이 십시일반으로 돈을 모아 지점이 달랑 1개인 초미니 은행인 신한은행을 명동 코스모스 백화점 1층에 개점한다'는 소식에 코웃음을 쳤다.

그러나 그들은, 그때는 몰랐을 것이다.

1982년 7월 7일 비가 내리는 아침에 처음으로 문을 연 명동의 신한은행을 방문한 고객들이 1만 8천 명에 육박했고, 예금 수신고가 신한

조흥은행과의 합병 후 신한은행 사옥 모습(한국금융박물관 소재 미니어처)

은행 설립자본금인 250억 원의 1.5배인 357억 원을 유치하는, '한국 금융 역사상 초유의 실적'을 올리게 될 것. 또 신한은행의 설립 4년이 되는 1986년에 수신고 1조 원을 달성하고, 설립 12년이 되는 1994년에 '수신고 10조 원을 돌파하는 기적'을 만들게 될 것.

단군 이래 최대의 경제위기였던 IMF 외환위기 기간에 내노라하던 은행들이 사상누각처럼 허망하게 무너질 때, 신한은행은 오히려 유일한 흑자 은행이 되었고, 망해 가던 동화은행을 인수해 정상화시키기도 했다.

2006년 4월 1일.

대한민국에서 가장 오래된 109년의 역사를 자랑하던 은행이자 코스피 상장기업 1호 은행이었던 조흥은행과 합병하고, '21세기의 글로벌 리딩 금융그룹'인 신한금융지주로 환골탈태하게 된다.

신한은행은 창립 30년 만에 전세계 20개국에 166개의 네트워크(법인지점 146개, 법인 자회사 1개, 대표 사무소 3개, 단독법인 2개, 지점 14개)를 구축하게 되었다. 특히 1995년에 국내 최초로 베트남에 진출한 신한은행은 36개의 점포를 보유한 '베트남 1위 외국계 은행'으로 비약적인 성장을 하였다.

대한민국에서 신한은행의 탄생은 한국인들에게 금융에 대한 새로운 시각을 갖게 하는 커다란 계기가 되었다. 국내 19개 은행들 중에서 후발주자인 신한은행이 이처럼 단기간에 '글로벌 리딩 금융그룹'으로 힘차게 성장가도를 달리고 있는 가장 큰 이유는, 과연 무엇일까? 마사이 코지 회장은 이렇게 말한다.

"물론 신한은행이 한국 금융 역사상 많은 기록을 최초로 만들면서 기적 같은 성장을 계속하고 있는 것에는, 여러 가지 복합적인 이유들이 있을 겁니다.

저는 그 중에서 가장 중요한 핵심은 바로, '재일동포들의 떠나온 모국에 대한 끝없는 사랑'이 모태가 되었다고 생각합니다. 사실 해외 각국에 수많은 동포들이 살고 있지만, 우리 오사카에 살고있는 동포들처럼 대한민국의 희로애락을 실시간으로 공감하고 소통하는 동포들은 없을 것이라고 감히 말씀드릴 수 있습니다.

대한민국이 개발도상국 최초로 '88 서울 올림픽'을 유치했을 때, 전 세계의 유수한 언론들과 심지어는 한국의 언론들까지도 어땠습니까? '1980년 모스코바 올림픽과 1984년 LA올림픽도 자유 진영과 공산 진영의 대립으로 인해 반쪽 올림픽이 되고 말았는데, 과연 분단국가인 대한민국이 올림픽을 제대로 치를 능력이 되겠느냐?'면서, 많은 의구심을 나타냈지 않습니까?"

사실 그랬다. 한국이 개발도상국이자 이념 대립의 상징인 분단국가이다 보니 여러 국가에서 보이콧에 관한 의견을 내기도 했다. 지금 회고해 보면 88 올림픽의 성공에 대해 반신반의하는 한국인들도 꽤 많다. 30대 초반의 젊은 나이였던 필자도, 올림픽이 폐막되던 마지막 날까지 노심초사하면서 지낼 정도였다.

1980년 모스코바 올림픽은 구 소련(소비에트연방공화국)의 아프가니스탄 침공에 항의하는 자유진영 국가들이 참가를 거부했고, 또 1984년 LA올림픽은 구 소련을 포함한 공산진영 국가들이 참가를 거부했다. 그래서 두 번이나 반쪽 올림픽이 되는 바람에 올림픽 정신이 심하게 훼손된 상태에서 더 이상 모험을 할 수 없다는 분위기였다. 더군다나 북한의 집요한 방해공작으로 발생한 〈김현희의 KAL기 폭파사건〉은 한국이 과연 올림픽을 무사히 개최할 수 있겠느냐는 의문에 힘을 실어줄 만했다.

"그래서 우리 재일동포들은 대한민국이 그러한 기우들을 말끔히 날려버리고 88 서울 올림픽을 성공적으로 개최하는 데 기여하기 위해, 최선의 노력을 경주했습니다.

1981년 독일의 바덴바덴 IOC총회에서 제24회 올림픽 개최지가 서울로 결정되자, 우리 동포들은 이듬해인 1982년 6월에 '88서울 올림픽 재일한국인 후원회'를 결성하고 이희건 회장님을 대표로 선출했습니다. 그리고 일본에 거주하는 70만 재일동포들에게 호소해서 무려 541억 원을 모금해서, 박세직 서울 올림픽 조직위원장께 전달했습니다."

"541억 원이라니!"

필자는 깜짝 놀랐다. 유럽 대륙과 미국과 캐나다와 남미 등 다른 나라에서 살고 있는 해외동포만 하더라도 300만 명이나 된다. 재일동포는 70만에 불과하다. 그런데도 그만한 모금을 했다니, 다른 지역을 모두 합하더라도 100배 가까운 모금을 한 것이다.

"조국이 누란지위(累卵之危)의 고난에 처했을 때, 저희들이 모국 동포들과 함께 두 손을 잡고 어려움을 함께 헤쳐나간 사례는 일일이 언급하기 힘들 정도로 많이 있습니다. 그러나 오늘은 귀중한 인터뷰를 하는 시간이기 때문에, 극히 중요한 또 하나의 사례만 언급하겠습니다.

그때는 바로, IMF 외환 위기가 찾아왔던 1997년 말에서 2천 년 초 사이였습니다. IMF 외환 위기는 '단군 이래 최대의 경제난국'이라고 표현할 정도로 대한민국 초유의 국가부도 위기 사태였죠."

그 당시 사춘기의 자식들을 한창 키우는 40대 중반의 가장이었던 필자 역시도 대한민국이 겪은 퍼펙트 스톰(Perfect Storm, 초대형 폭풍) 같은 IMF 외환 위기의 악몽을 생생하게 기억하고 있다.

정부가 모라토리엄(Moratorium, 국가채무 지불유예)을 선언하기 일보 직전의 상황, 영원할 것 같았던 재벌인 대우그룹이 부도가 나고, 절대 무너지지 않는 철옹성처럼 보였던 은행들이 하루아침에 문을 닫고, 심지어는 삼성그룹의 이건희 회장도 '르노삼성 자동차'를 구조조정으로 빼앗겨야 했고, 재일동포 기업가인 김철호 대표가 창업했던 '기아자동차'와 '삼천리 자전거'가 부도가 났고, LG그룹이 애지중지하던 'LG 반도체 사업'도 구조조정의 일환으로 다른 기업에 팔아야 했다.

도대체 대한민국에서 신뢰할 만한 기업이 있기라도 한 것인지?

하루아침에 풍비박산이 난 대기업과 중소기업에서 강제로 쫓겨난 수많은 가장들. 부도가 나거나 눈물의 폐업을 한 자영업자들. 외국에서 유학을 하다가 졸지에 짐을 싸고 다급하게 귀국해야 했던 해외 유학생들. 막다른 취업절벽 앞에서 한숨만 내쉬며 알바 자리라도 급히 찾아야 했던 젊은이들.

초유의 경제 파탄 앞에서 대경실색한 한국인들이 황망한 표정으로 어찌할 바를 모르고 허둥지둥하고 있을 때, 우리와 가장 가까운 곳에 살면서 언제나 우리를 바라보고 있던 재일동포들이 또다시 팔을 걷어붙이고 행동에 나섰다.

"1997년 12월 25일. 그날은 IMF로부터 긴급자금을 받으면서 경제적인 주권을 국제통화기금(IMF)에 모두 빼앗긴 '제2의 국치일(국가치욕의 날)'이었습니다. 너무나 수치스러운 그 광경을 TV뉴스로 지켜보던 우리 제일동포들은 큰 허탈감을 느꼈습니다. 대한민국이 후진국에서 허덕이던 1960년대에 '한강의 기적'을 일으키기 위해 금천구 구로동 일대에 '구로공단'(현재의 구로 디지털 단지)을 조성하고, 기업을 세우고, 많은 외화를 투자하는 거대한 프로젝트를 최초로 제안하고 한국 정부와 함께 추진한 것이 우리 재일동포들이 있었기 때문입니다.

1960년대 초 한국의 1인당 소득은, 지금 아프리카의 후진국만큼이나 못 살던 세계 최빈국에 해당하는 78달러였습니다. 그래서 한국 정부는 경제개발계획을 세울 종자돈을 만들기 위해 미국과 일본을 비롯한 세계 각국에 손을 벌리고 다녔지만, 아무런 성과가 없었습니다. 한국에 돈을 빌려 주면 떼일 것 같은데, 도대체 어느 나라와 기업이 자금을 대주겠습니까?

그런 안타까운 상황을 알게 된 오사카의 동포들이 행동에 나선 겁니다. 1961년에 이희건 회장님을 대표로 하는 '오사카 동포기업인 모국 시찰단'을 결성하고, 10월 28일에 서울을 방문했습니다. 그리고 1962년에는 경제개발계획의 방향을 잡는 중대한 회의에서 박정희 대통령에게, 재일동포 기업인들이 기발하면서도 실질적인 아이디어들을 개진하고, 직접 투자도 약속했습니다.

'코오롱 그룹의 창업자'인 재일동포 기업가 이원만 사장은 'TOYO 마크로 유명한 일본의 수세식 변기를 만드는 원료가 한국의 섬진강 변에 있는 하동의 흙이라는 사실을 알려주고, 한국 여성들의 긴머리를 가발로 가공해서 미국에 파는 사업도 대단히 유망하다'고 말했고, 또한 서울에 '재일동포 기업인들을 위한 전용공단 조성 아이디어'를 최초로 제안했습니다.

결국 이원만 사장의 제안대로 한국에서 만든 가발은 미국으로 수출해서 외화를 벌어오는 '효자 상품'이 되었고, 한국 정부가 구로동의 14만 평 부지 위에 조성한 '구로공단'에 입주한 28개 전체 기업 중 70%인 18개 기업이 재일동포 기업이었습니다. 특히 우리 재일동포 기업가들은 그 당시 한국의 경제 성장을 견인하기 위해, 미래에 부가 가치가 큰 철강과 전기 전자와 비료와 화학 금속과 섬유산업을 구로공단에 투자했죠. '기아자동차'와 '삼천리 자전거'도 재일동포 기업가인 김철호 대표가 한국에 투자를 해서 만든 기업입니다..

이처럼 우리 재일동포 기업가들은 '한강의 기적'에서 서울 올림픽까지 숱한 어려움을 함께 헤쳐 왔기 때문에 조국의 IMF 외환 위기를 넋놓고 그냥 보고만 있을 수는 없었습니다.

그래서 우리 재일동포들은 필사적으로 외화를 유치해야 하는 조국을 실질적으로 돕기 위해, 〈1가구 10만 엔 한국 송금 캠페인〉을 시작했습니다. 수많은 외국인 투자자들이 한국에서 외화를 대규모로 회수해 갈 때, 우리 재일동포들은 그들과는 정반대로 행동한 것입니다.

그래서 재일동포들은 한국으로 15억 달러의 외화를 송금했고, 한국의 채권을 대량 구입했고, 엔화를 사용하기 위해 한국으로 단체여행을 떠났습니다."

마사이 회장의 말은 사실이었다. 당시 국내에서 진행한 〈범국민적인 금모으기 운동〉으로 마련한 20억 달러와 재일동포들이 〈1가구 10만엔 한국 송금 캠페인〉으로 마련한 15억 달러와 재일동포 기업가들이 일본 은행에서 차입한 수억 달러의 자금이 마중물이 되어서, 대한민국은 미증유의 국가적 위기였던 IMF 환란을 서서히 극복하기 시작했다.

"마사이 코지 회장님! 이제 위드 코로나 시대가 되고, 2022년 10월 11일부터 일본 입국이 자유로워지면서 오사카가 다시 '한국인 방문 1위 도시'가 되었습니다. 현재 오사카의 상황은 어떻습니까?"

"코로나 팬데믹 이후 일본의 관광산업은, 또다시 발전의 가도를 질주하면서 예전의 호황을 빠르게 회복하고 있습니다. 코로나가 발생하기 전인 2011년에 일본을 방문한 외국 관광객이 600만여 명이었는데, 2017년에는 무려 5배에 가까운 2,870만 명으로 증가했습니다. 한국이 2017년에 관광수지 적자가 14조가 넘는다고 들었는데, 일본은 관광수지 흑자가 12조나 되었습니다.

일본 정부에서는 2012년, '관광입국 추진 각료회의'를 신설해서 범정부 차원에서 관광부흥정책을 강력하게 추진했습니다. 그리고 2015년에는 '내일의 일본을 지탱할 관광비전 구상회의'를 만들어서, 2020년까지 해외 관광객 4천만 명을 유치한다는 목표를 세웠습니다.

물론 엔화 가치가 떨어져서 일본 여행 경비가 많이 저렴해진 긍정적인 영향도 있었고, 외국인 관광객들이 일본에서 5천 엔 이상의 쇼핑을 하면 소비세 10%를 면제해 주는 제도도 큰 도움이 되었습니다.

또한 도쿄나 오사카 같은 유명 관광도시는 물론이고, 지방의 작은 관광지에도 외국인 관광객들이 소비세를 돌려받을 수 있는 중소규모의 사후면세점(Tax Free)이 4만여 개나 있다는 것도, 해외 관광객 유치에 크게 기여하였습니다.

특히 '식도락과 쇼핑의 천국'으로 널리 알려진 오사카의 관광산업은 그동안 엄청나게 발전했습니다. 코로나 팬데믹이 오기 전에는 '하룻밤 사이에 관광객이 두 배나 늘어난다'는 농담이 있을 정도로, 일본 내에서 '관광객 증가율 1위 도시'였습니다. 게다가 오사카는 1시간 거리에 교토, 고베, 나라, 와카야마(和歌山)를 여행할 수 있는 간사이 지방 관광의 중심도시이기 때문에, 간사이 국제공항은 일본 관광의 허브 공항이 되었습니다.

현재 오사카는 미래를 내다보는 원대한 관광비전을 세우고 있습니다. 먼저 오사카의 유명한 테마파크인 유니버셜 스튜디오 재팬(USJ) 인근을 개발할 계획을 갖고 있고, 또한 엄청난 시너지 효과를 낼 것으로 예상되는 〈2025 오사카 간사이 월드 엑스포〉를 열심히 준비하고 있습니다.

〈2025 오사카 간사이 월드 엑스포〉가 개최되면, 1964년에 도쿄 올림픽에 이어 1970년에 개최한 '오사카 만국 박람회'가 일본 경제 활성화에 엄청난 기여를 한 것 이상의 엄청난 경제적 파급 효과가 있을 것

2025 오사카 간사이 엑스포 홍보 포스터

입니다.

　오사카는 전세계에서 방문하게 될 해외 관광객들의 숙소를 늘리는 문제가 매우 시급합니다. 그래서 정부에서 료칸은 최소 5개 이상의 객실만 있고, 호텔은 10개 이상의 객실만 확보하면 영업을 해도 좋다는 규제 해제를 했고, 또 그동안 허가제였던 민박을 2018년 6월부터는 모두 신고제로 변경하는 '민박 해금정책'을 실시했습니다.

　그래도 오사카는 외국관광객들을 모두 수용하기가 쉽지 않습니다. 그래서 오사카에는 〈2025 오사카 간사이 월드 엑스포〉가 개최되는 2025년까지 더 많은 호텔들이 신축될 계획입니다."

　현재 마이 그룹에서 운영하고 있는 업체 중에서 오사카를 방문하는 관광객들에게 도움이 되는 곳은, 오사카 만국 박람회가 열렸던 반파쿠 공원(万博公園) 부근에 위치한 온천 찜질방인 스미레노유(スミレの湯)이다. 특히 일본식 온천과 한국식 찜질방의 콜라보로 만든 스미레노유는, 인근에 위치한 반파쿠 공원을 관광한 후에 들러서 휴식과 식사를 즐기기에 아주 편리한 곳이다.

　또한 마사이 회장은 '일본 최고의 명산'인 후지산이 눈앞에 보이는 최고의 뷰(View)를 자랑하는 자리에 멋진 〈후지 자크라 호텔〉을 신축했다. 도쿄에서 1시간 20분 거리에 위치한 이 호텔은 대형버스 60대와 승용차 60대가 주차 가능하고, 다양한 크기의 VIP룸·트윈 룸·가족용 룸 142실이 있다. 5백 명 이상의 관광객들이 동시에 식사하면서 공연을 볼 수 있는 초대형 식당과 대욕장과 매점을 완비하고 있다.

　후지산의 남쪽 기슭 아래 38,713m 넓이의 양지바른 대지 위에 건축한 〈후지 자크라 호텔〉 주변에는 신선한 공기가 가득한 10여 개의 골프장들이 성업 중이고, 또한 일본에 출장온 삼성그룹의 이병철 회장이 자주 머물던 곳으로 유명한 '하코네 온천'도 불과 40분 거리에 있다.

　〈후지 자크라호텔〉이 오픈하는 날.

　마사이 회장의 초청을 받은 필자는, 서울에 있는 경제신문사의 투

▶마이 그룹에서 운영하는 스미레
노유 입구 모습
▶▼스미레노유 1층 휴게실
▶▼▼스미레노유 식사 메뉴

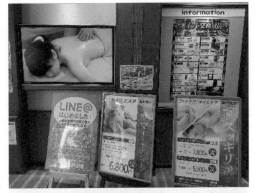

자자들과 함께 창문 밖으로 후지산의 멋진 경치가 한눈에 들어오는
방에서 체험 숙박을 하는 행운을 누릴 수 있었다.

"마사이 코지 회장님! 한국과 일본을 오가면서 다양한 경륜을 쌓은

관광객을 위한 호텔 식당의 무대 공연

경영인으로서 자영업자 · 중소기업인 · 스타트업 관계자들과 취업이
나 창업을 준비하는 분들에게 특별히 조언하고 싶은 말씀이 있을까
요?”

“네! 무엇보다도 조직의 리더가 되고 싶은 사람은 무엇보다도, 리더
쉽에 대한 깊고 넓은 고찰이 필요합니다. 근데 이 세상에서 가장 큰
배가 무엇인지 아십니까?”

“가장 큰 배라면?”

“바로 리더(Leader) 쉽(Ship)입니다.”

“네? 아하, 리더 쉽이오. 한국에선 이런 걸 아재 개그라고 하는데.”

“하하 리더쉽은 광대한 대양을 거침없이 항해하는 항공모함 같은
리더(Leader) 쉽(Ship)이 되어야 합니다.

항공모함은 전투기가 이착륙을 하면서 적을 공격하는 파괴력을 갖
고 있기 때문에, ‘하늘을 나는 배’라고 할 수 있습니다. 항공모함은 ‘하
늘을 나는 배’와 같은 기동력을 발휘하기 위해, 항공모함 좌우와 옆에

이지스 구축함을 거느리고 있고, 원자력 잠수함도 바닷속에 거느리고 있습니다. 광대한 대양에서는 해일처럼 큰 파도가 밀려오기도 하고, 거친 폭풍우가 눈앞이 안 보일 정도로 휘몰아치기도 하죠.

경영도 마찬가지입니다. 지금 이 순간에도 전세계의 수많은 기업들이 고금리 · 원가 상승 · 판매 부진 · 때늦은 기술 개발 · 노사 문제 등으로 인해 부도를 내고 파산을 하거나, 식물기업이 되어 은행 관리로 넘어가고 있습니다. 한때는 국제적인 명성을 떨치던 대기업이 어느 순간 중소기업으로 전락하기도 하고, 아예 주식시장에서 상장 폐지가 되기도 하죠."

미국 경제주간지인 『포춘(Fortune)』이 조사한 바에 따르면, '세계 500대 기업'의 생존률이 불과 14%였다.

"그래서 저는 일본의 100년 이상된 노포(老鋪, 시니세)들을 아주 존경합니다. 일본에는 100년 이상된 노포들이 1만 개가 넘고, 200년 이상된 노포들도 3천 군데나 됩니다. 그런데 저는 재일동포로서 자부심을 느끼는 것은, 일본에서 가장 오래된 건축회사인 곤고구미(578년 오사카에서 창업)가 백제에서 온 유중광(일본 이름은 곤고시게미츠)이라는 장인이 창립한 기업이라는 것입니다.

거센 풍랑이 온종일 휘몰아치는 '경영의 바다'에서 침몰하지 않고 목표를 향해 멋진 항해를 계속하는 장수기업이 되기 위해서는, 대규모 항공모함의 전단을 총지휘하는 함장과 같은 지혜로움과 담대함과 성실함이 절대적으로 필요합니다. 그래서 저는 영국 엘리자베스 여왕(1926~2022)이 70년 동안 왕실에서 보여준 '의무가 먼저이고, 나 자신은 다음이다'라는 선공후사(先公後私)의 정신이, 리더들에게는 정말 중요하다는 생각을 갖고 있습니다."

필자는 영국의 대문호인 세익스피어가 『헨리4세』에서 말한 '왕관을 쓰려는 자, 그 무게를 견뎌라'라는 글귀가 불현듯 떠올랐다.

"카라얀이나 구스타프 말러나 레너드 번스타인 같은 세계적인 지휘자를 한 번 생각해 보세요. 100명이나 되는 연주자들이 수십 개의 관악기 · 타악기 · 현악기들을 함께 연주하는 심포니 오케스트라의 경우에도 지휘자가 누구냐에 따라서 음악에 대한 감동의 폭과 깊이와 결이 달라지지 않습니까?

오케스트라 지휘자는 단원들과 깊은 영혼의 교감을 통해 그 악단만의 새로운 소리를 창조하고, 새로운 하모니(Harmony)와 밸런스(Balance)를 만들어내는 매우 중요한 역할을 하죠. 그 만큼 리더의 역할이 중요한 것이죠.

'한일 최초의 공동 월드컵'이 열리던 2002년을 한 번 회고해 보십시오. 그때 한국의 축구 대표팀은 월드컵 출전 사상 최초로 세계 4강에 올랐지 않습니까?

그 당시 한국 축구 대표팀의 리더가 히딩크 감독이 아니었으면, 과연 한국 축구 대표팀이 그처럼 좋은 성과를 낼 수 있었을까요? 그 만큼 리더는 중요합니다.

저는 '세상에 나쁜 리더는 있어도 나쁜 팀은 없다'고 생각합니다. 그래서 리더는 언제나 기업의 생존 그 이상을 바라보아야 합니다. 당장 눈앞의 손익도 물론 중요하지만, 더욱 중요한 것은 기업이 추구하고 도달해야 하는 원대한 희망과 비전을 제시해야 하는 것이죠.

지금 코로나 팬데믹과 우크라이나 전쟁 등으로 인해 고금리와 인플레이션이 전세계 경제의 발목을 잡고 있지 않습니까? 이럴 때일수록 리더는 진지함과 스피드를 함께 겸비해야 합니다. 마치 초원을 질주하는 치타가 무작정 스피드를 내는 것이 아니라, 온몸의 근육을 야성적으로 움직이며 질주하면서도 목표를 흔들림없이 바라보는 고도의 집중력을 잃지 않는 것처럼……

2012년 런던 패럴림픽 개막식 날, 세계에서 가장 유명한 루게릭 환자였던 스티븐 호킹 박사가 휠체어를 타고 올라와서 한 말이 지금도 기억에 생생합니다. 스티븐 호킹 박사는 '아래에 있는 발을 내려다보지 말고, 하늘을 우러러 별을 바라보라'고 했습니다.

그렇습니다. 리더는 '나의 한계는 하늘밖에 없다'라고 말할 정도로, 풍부한 상상력으로 무장해야 합니다.

세상은 문자 그대로 급변하고 있습니다.

50년 전에 '최초의 휴대폰을 발명'한 마틴 쿠퍼는 '다음 세대는 귀 아래에 폰을 심게 될 것'이라고 예언했습니다. 2024 파리 올림픽 조직위원회에서는 개막식을 '파리의 세느강에서 개최할 것'이라는 기발한 상상을 발표했습니다. 도쿄는 바나나를 재배하는 지역이 아닌데도 불구하고, '도쿄 바나나'를 도쿄의 유명 기념품으로 만들었습니다."

지구촌에 AI혁명을 일으키고 있는 '4명의 유대인 천재들' 중에는, 챗GPT를 개발한 오픈AI 공동 창업자 겸 최고 경영자인 샘 올트먼이 있다. 37세의 그는 성공하는 리더가 되기 위해서 꼭 필요한 소양에 대한 다음과 같은 조언을 했다.

단순한 지식의 암기가 아니라, 독창적으로 사고하는 방법을 터득해야 한다.

자신의 호기심을 따르고, 하고 싶은 일을 하는 것을 두려워 마라.

본인이 해야 할 일을 순서를 정한 다음에, 신속히 진행하라.

많은 사람들이 실패하는 중요한 이유는, 너무 일찍 포기하거나 혹은 뒷심이 부족해서 자신의 잠재력이 발휘될 시간을 충분히 주지 못하는 것이다.

타인의 시선을 의식하지 말고, 본인 스스로를 감동시킬 수 있는 일을 찾아서 실행하라.

그렇다. 남들의 평판과 시선이 중요한 것이 아니라, '자기 인생의 진정한 주인은 본인 자신이다'라는 남다른 철학과 내면의 품성이 더욱 중요한 세상이다.

마사이 코지 회장과의 인터뷰를 모두 끝낸 후 서울로 돌아온 필자는 하루 시간을 내서 광화문 4거리의 코리아나 호텔 방향으로 향했다. 신한은행이 1997년에 설립한 '국내 최초의 금융사 전문 박물관'인 〈한국금융사박물관〉을 방문하기 위해서다.

'한강의 기적'과 '아시아의 4마리 용'을 함께 만들어낸 재일동포들의 가슴절절한 사연과, 대한민국을 발전시키기 위해 노력한 신한은행의 금융보국(金融保國)의 역사를 직접 확인하고 싶었다.

코리아나 호텔 옆에 위치한 붉은 벽돌이 멋진 르네상스 풍의 〈한국금융사박물관〉은 도로 원표 표지석 바로 뒷쪽에 있었다. 1층으로 들어가니 스타벅스가 있었고, 3층과 4층엔 '금융생활전시관'과 '한국금융역사관'이 있었다.

은행의 역사가 담긴 많은 물건과 자료가 보기좋게 전시되었다. 필자 눈에는 벽을 장식하고 있는 '대형 주판'과 '절약·저축'이란 파란 글씨가 적힌 하얀 그릇 모양의 저금통이 무척 인상적이었다. 그리고 은행에 갈 시간이 없는 시장의 상인들을 위해 '찾아가는 최초의 은행

한국금융사박물관 전경

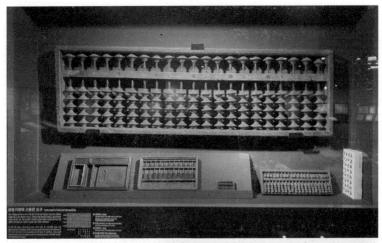

서비스'를 서프라이즈하게 진행했던 '신한은행 동전 교환카트기'가 있어서, 잠시 추억에 젖었다.

세계 각국의 지폐와 아이들이 좋아할 만한 예쁜 캐릭터를 구경한 필자는 5층에 있는 〈재일한국인 기념관〉으로 들어갔다. 그 안에는 일제강점기에 망국의 한을 가슴에 품고 현해탄을 건너가야 했던 재일동포들의 눈부신 활약상이, 흥미진진한 영상과 풍부한 사진자료와 언론기사로 잘 정리되어 있었다. 특히 신한은행 창립자인 이희건 회장님의 스토리는 애니메이션으로 방영되고 있어서, 부모님과 함께 온 어린이들도 흥미롭게 보고 있었다.

특히 신한은행 창립자인 이희건 회장님이 20대 후반에서 30대 초반에 오사카의 재일동포 상인들과 일본인 상인들과 중국인 상인들

한국금융박물관 내부 모습

의 생존권이 걸려 있던 임시 시장의 합법화를 위해 눈부신 활약을 했던 장소인 오사카 츠루하시 시장의 모습이 미니어처로 잘 재현되어 있었다.

또한 6·25전쟁으로 조국이 풍전등화의 위기에 처했을 때 642명의 재일동포 청년들이 학도의용군으로 참가한 내용을 담은 자료는 무척 의미 깊었다. 그리고 재일동포들의 최초 제안과 투자로 만들어진 구로공단의 역사와, 1988년 서울올림픽의 성공을 위해 10만 명의 재일동포들이 541억 원의 성금을 모국에 전달하는 영상은 필자의 마음을 뭉클하게 했다.

1970년에 '오사카에서 아시아 최초의 월드 엑스포'가 개최되었을 때 오사카의 동포기업인들이 자금을 마련해서 〈오사카 만국 박람회 한국관〉를 지어준 것도 조국을 위한 엄청난 헌신이었다.

경제발전을 위한 국제적인 이벤트인 월드 엑스포에 참가하는 것은,

올림픽이나 월드컵에 참여하는 것과는 차원이 다르다. 올림픽이나 월드컵은 본질적으로 스포츠 이벤트이다. 그러나 월드 엑스포는 그 나라의 경제·과학·산업·문화의 총아를 보이는 국제적인 경제부흥 프로젝트이다. 그래서 월드 엑스포는 장장 6개월 동안이나 운영을 하고, 그 기간 동안 전세계의 참관객들이 쇄도하는 것이다.

참고로 지금부터 50여년 전인 1970년에 오사카에서 개최한 〈오사카 만

이희건 회장의 스토리를 담은 애니메이션의 한 장면.

국 박람회〉에 참가한 국내외 관광객이 무려 6천 2백만 명이 넘는다. 그래서 2025년에 '오사카에서 역사상 두 번째로 개최'하는 〈2025 오사카 간사이 월드 엑스포〉를 위해, 오사카는 물론이고 간사이 지방의 기업인들도 많은 준비와 기대를 하고 있는 것이다.

박물관을 살펴보면서 필자는 일본 파나소닉의 경영자였던 마쓰시다 고노스케의 오사카 전시관을 머릿속에 떠올렸다. 파나소닉 회사 안에 위치한 그 전시관은 일본의 수많은 학생과 젊은이들이 마쓰시다 고노스케의 정신을 배우기 위해 단체로 찾는 오사카의 명소이다.

'일본 경영의 신'으로 추앙받는 마쓰시다 고노스케처럼 서울에서도

츠루하시 국제상점가를 재현한 미니어처

이희건 회장의 동상이라도 세워서 그의 삶과 정신이 많은 사람들에게 알려지고 귀감되었으면 좋겠다는 부러움이 앞섰다.

오사카의 조그만 자전거 가게 주인에서 금융보국의 불타는 애국심으로 세운 명실공히 민족 은행인 '신한은행의 창립자'였고, 또한 일본인들에게 찬란했던 고대 한반도의 문화와 역사를 널리 알리기 위해서 〈사천왕사 왓소〉 축제를 매년 개최하게 만든 '위대한 문화기획가'였던 이희건 회장. 그의 기업가 정신을 배우기 위해, 국내외의 수많은 학생과 젊은이들이 광화문 4거리에 있는 〈한국 금융사 박물관〉 앞에서 문전성시를 이루는 가슴 뭉클한 광경을 하루빨리 보게 되기를 기원한다.

오사카에서 매년 <사천왕사 왓소> 축제를 개최하는 이유는?

오사카에는 매년 11월 첫번째 일요일에 오사카의 유서깊은 고찰인 사천왕사(四天王寺, 시텐노지)를 중심으로 해서 <사천왕사 왓소(四天王寺ワッソ)> 축제가 열린다.

왜 오사카에서 한반도 도래인들(백제, 신라, 가야, 고구려인)을 테마로 하는 축제를 하는 것일까? 오사카는 고대부터 중세에 이르기까지 수많은 도래인들이 정착한 동아시아의 국제도시였다. 일본 최초의 통일정권인 야마토 조정이 고대국가의 기틀을 다져 아스카 문화를 화려하게 꽃피웠던 7세기 무렵까지, 한반도의 많은 도래인들이 오사카로 이주했다. 그들 중에는 쇼토쿠 태자에게 불법을 전한 고구려의 승려 담징(曇徵)을 비롯해서 백제 승려 혜총(惠聰)과 일본 왕자들의 스승이었던 아직기(阿直岐)나 왕인(王仁) 같은 지식인들이 있었다. 그리고 기와기술자, 화가, 토목기술자, 직조기술자 같은 수많은 장인들도 있었고, 백제와 고구려가 멸망할 무렵에는 집단으로 이주한 백제와 고구려의 왕족과 귀족들이 있었다. 그들은 오사카는 물론이고 나라와 교토와 도쿄 북부지역 일대에 정착하면서 일본의 고대국가 발전에 많은 기여를 했다.

그래서 오사카에는 한반도의 고대국가인 백제, 고구려, 신라의 명칭이 들어간 백제대교(百齊橋, 쿠다라바시), 고려교(高麗橋, 고라이바시), 신라 신사(新羅神社, 시라기진쟈), 백제신사(百齊神社, 쿠다라진쟈)가 있었다. 이러한 사실을 누구보다도 잘 알고 있

오사카의 <사천왕사
왓소> 축제 포스터

던 재일교포 금융인이었던 이희건 회장이 오사카와 한반도와의 오랜 교류와 우호의 역사를 알리기 위해 1990년에 최초로 만든 축제가 바로,〈사천왕사 왓소〉축제이다.

찾아가는 길

스미레노유 온천탕(菫の湯, スミレの湯)

주소 : 茨木市?水1-30-7

전화번호 : 072-643-4126

영업시간 :09:00~02:00 (부정기적 휴무있음)

전철역 : JR 이바라키역에서 셔틀버스 (9시~21시 사이 매시 20분 운행)

　　　　오사카 모노레일 도요카와(豊川)역에서 도보 5분

오사카 관광 1번지의 핫 스팟, 도톤 플라자

02

주식회사 JTC의 대표이사 구철모

역사란 무엇인가? 단순히 과거의 흘러간 이야기일 뿐인가?

흔히 많은 사람들은 그러한 착각에 빠진다. 그러나 역사는 그렇지 않다. 역사는 마치 소설 『다빈치 코드』의 은밀한 기호처럼 다양한 곳에 자신의 특별한 흔적을 남긴다. 그리고 이런한 역사의 흔적들은 오늘을 살고 있는 우리들의 삶 곳곳에서 많은 영향을 끼친다. 그래서 우리는 역사에 남다른 관심을 기울이고 역사가 들려주는 나지막한 음성에 귀를 기울이는 것이다.

오사카 최고의 '맛의 성지'이며 '쇼핑 관광의 메카'인 도톤보리에서 필자는 그 이름조차 아득한 백제(쿠다라)의 역사를 잠시 떠올렸다. 지금 중국인 관광객과 한국인 관광객들이 서로 1위와 2위를 앞다투며 물밀듯이 찾아오는 오사카 일대는, 수많은 백제인들이 꿈을 찾아 거친 바다를 항해해 온 신천지였기 때문이다.

그리고 조선시대에는 임진왜란 당시 일본으로 강제로 끌려왔던 조선인 포로들이 오사카 일대에 많이 정착했다. 그때 조선인 포로들이 보름달이 휘영청 밝은 밤에 서로 만나서 부둥켜안고 울던 다리가 지금 오사카 히가시요 코보리카와(東横堀川)에 있는 고려교(高麗橋, 고라이바시)이다.

또한 1607년~1811년까지 에도(現 도쿄)에 있던 도쿠가와 이에야스 가문의 쇼군들을 만나기 위해 12회나 일본을 방문했던 조선통신사 일행이 기나긴 항해의 피로를 풀기 위해 열흘 정도 머물던 곳이 바로 오사카이다.

그 당시 일본을 방문했던 조선의 선비 신유한(1681~1752)은, 그가 저술한 기행문『해유록(海遊錄)』에서 오사카를 높게 평가했다. 그는 300여 개의 절이 있는 '사찰의 도시'이자 200여 개의 다리가 놓여 있는 '물의 도시(水の都)'인 오사카를, '길이 곧게 닦여 있고 길에는 티끌 하나 없을 정도로 청결하다'고 했다. 또한 오사카는 기술과 장사와 농사를 중시해서 '평민들 중에 공업과 상업과 농업에 종사해 부자가 된 집이 수천에서 수만이 넘는다'고 했다.

그리고 오사카는 학문을 중시하는 '책의 도시'였다. 신유한은 수많은 일본인들이 퇴계 이황의 문집인 퇴계집(退溪集)을 소장하고 있고, 그들이 그 책을 날마다 읽고 외우면서 '퇴계의 개인사와, 퇴계 후손들의 근황과, 도산서원(陶山書院)의 위치에 대해서 세세히 묻는 것'이 놀라웠다고 적었다.

그뿐 아니라 그들은 신라시대 '이두'(吏讀)를 창안한 학자 설총부터 조선시대 17세기의 성리학자인 김장생에 이르기까지 조선의 문묘(文廟)에 모셔진 선현들의 이름을 순서대로 정확히 외우고 있고, 유성룡의 징비록(懲毖錄)과 강항의 간양록(看羊錄)을 비롯해서 조선과 중국의 수많은 서적들을 집집마다 갖고 있었다. 그래서 신유한은 그 광경을 보고는 '천하의 장관이라 할 만하다'고 부러워했다.

또한 신유한은 일본인들이 기술을 숭상하는 장인정신(丈人精神)과 집을 아름답게 가꾸는 미의식에 감탄하는 마음을 이렇게 묘사했다.

"집을 짓는 재료는 한치의 오차도 없이 규격화되어 있고, 집 주위에는 신묘하게 생긴 바위와 아름다운 화초들이 에워싸고 있다. 여인들이 짜는 비단은 매우 가볍고 정밀하며, 화초도 온갖 아름다운 모양으로 다듬어 애지중지 가꾼다.”

이처럼 오사카는 한반도 고대시대의 백제, 신라, 고구려, 가야는 물론 조선시대에 이르기까지 밀접한 관계를 맺었다. 조선이 일제의 식민지가 된 이후에는 한국인들이 대거 이주하게 되면서 일본에서 한국인이 가장 많은 도시가 되었다. 일제 식민지 시대에 관부 연락선(関釜連絡船, 부산~시모노세키까지의 연락선)을 타고 혼슈(本州)로 건너간 조선인들이 일자리가 많은 '일본 제1의 상공업의 도시'인 오사카로 들어갔고, 또한 기미가요마루(君が代丸, 제주~오사카까지의 연락선)을 타고 오사카 항에 상륙한 조선인들이 자연스럽게 오사카에 정착했기 때문이다.

이처럼 일본 최초의 통일 정권인 야마토 조정(大和朝廷, 다이와 조정)이 오사카 근교에 들어서던 5세기부터 현재에 이르기까지 수많은 한국인 · 중국인 · 남만인(南蠻人, 중세시대의 유럽인을 지칭하던 명칭으로 '카톨릭국가'인 스페인 · 포르투갈과 '프로테스탄트 국가'인 네덜란드가 일본과 활발한 무역 교류를 했음)들과 많은 교류를 나누었던 국제적인 항구도시가 오사카이다.

지금의 오사카는 간사이 국제공항의 개장으로 인해 교토(京都), 고베(神戶), 나라(奈良), 와카야마(和歌山)를 비롯한 간사이 관광의 허브로 자리잡았고, 〈2025 오사카 간사이 월드 엑스포〉를 앞두고 세계적인 관광지로 발전하고 있다. 이처럼 눈부신 발전을 거듭하고 있는 '오사카 관광의 1번지'는 도톤보리이다. 이곳에 오면 도톤보리 발전의 초석을 닦은 도래인들이 떠오를 수밖에 없다. 그중에서도 야스이 도톤(安井道頓)을 빼놓을 수 없다.

오사카 최대의 관광지인 난바(難波), 도톤보리(道頓堀), 신사이바시스지(心斎橋筋), 혼마치(本町) 일대를 일본 최고의 수변 관광지역으로 만든 도톤보리 운하는, 17세기에는 도톤호리(道頓ほり)라고 불렸다. 도톤호리는 '도톤(道頓)이 만든 호리(ほり, 수로)'라는 뜻을 갖고 있는데, 여기에서 도톤(道頓)은 도래인이었던 야스이 도톤(安井道頓, 1533~1615)을 일컫는 명칭이다.

그는 오사카의 저습지를 매립하는 토목공사를 훌륭하게 완수한 공로로 1582년에 오사카 성의 남쪽에 많은 토지를 확보하게 된다. 그후 그는 이 일대에서 운하를 개발하는 공사를 하다가 도쿠가와 이에야스가 오사카 성을 함락시킨 '오사카 여름의 진(大阪夏の陣) 전투' 때 완성을 보지 못하고 사망한다. 그러나 그의 친척인 야스이 도보쿠(安井道卜)가 1615년에 도쿠가와 막부로부터 운하 공사를 총괄하는 부교(奉行, 최고위 행정관)로 임명되어, 길이 2.7km 폭 28m~50m에 이르는 운하를 완성하게 된다.

도톤보리 운하가 완성된 후에는 아름다운 수변을 따라 전통 가부키(歌舞伎)를 공연하는 극장들이 들어섰다. 그러자 공연을 보러 오는 관람객들을 위한 식당, 기념품 가게, 의류 가게들이 하나둘씩 들어서면서 이 일대가 오사카 최대의 음식, 쇼핑, 예능의 거리로 변모하기 시작했다.

닛폰바시(日本橋) 다리 위 난간에 기대서서 '도톤보리 운하의 여름 뱃놀이 축제'를 즐기는 관광객들이 탄 선박들을 한참 동안 응시하던 필자는, 중국과 한국의 단체 관광객들이 쇼핑을 하고 있는 도톤플라자(DOTON PLAZA)로 들어갔다.

수많은 관광버스들이 즐비하게 늘어선 도톤플라자 앞은 최고의 인생샷을 찍기 위해 스마트폰을 꺼내 든 관광객들로 붐볐다. 왜냐하면 도톤플라자 앞 광장에 일본의 국기(國技)인 스모(相撲) 선수의 조형물인 도톤 제키(DOTON, 関스모 선수는 마쿠우치(幕内), 쥬료(十両), 마쿠시타(幕下)의 서열로 구분된다 즉 1군, 2군, 3군으로 나눠지는데, 마쿠시타 이상의 스모 선수를 세키토리(関取)라는 총칭으로 부른다. 스모 선수를 부를 때 각 이름 뒤에 ~제키(?)를 붙인다.)가 있기 때문이다.

필자가 도톤플라자를 창아온 것은 구철모 대표를 인터뷰하기 위해서다.

구철모 대표는 비록 오사카 출신은 아니지만, 일제 식민지 시대에

일본에서 생활했던 조부와 부친의 영향으로 일본에 대한 호기심을 어린시절부터 갖고 있었다. 그리고 그는 고대 도래인들처럼 청운의 꿈을 안고 일본에 홀로 유학을 왔으나, 경제적으로 대단히 궁핍한 상황 속에서 힘들게 학업을 마쳤다. 너무나 절박한 환경 속에서 주경야독으로 대학을 졸업한 그는, '일본인들도 감탄할 정도로 치밀하면서도 과감한 상인정신'으로 수많은 난관을 하나 하나 헤쳐 나갔다.

그리고 지금은 오사카 관광의 출발지인 도톤보리 입구에 '도톤보리 최고의 면세점'인 도톤플라자(DOTON PLAZA)를 포함해서 일본 전역에 25개의 면세점을 보유하고 있다. 그리고 이 면세점들은 '중국 단체관광객 방문 1위'라는 타이틀을 갖고 있다.

"저는 경북 달성의 가난한 시골마을에서 태어나서 혹독한 가난 속에서 지독한 배고픔을 온몸으로 겪으면서 어린 시절을 보냈습니다. 마치 끝을 알 수 없는 미궁처럼 아득한 시절이었지요. 가난에 지친 저는 한 가닥 희망이라도 잡을 요량으로 일본어 공부를 시작했습니다. 군 복무를 시작할 때였습니다."

첫인상이 수더분하고 털털한 이웃 아저씨처럼 친근해 보이는 구철모 대표는, 자신의 너무나 힘겨웠던 어린시절 이야기부터 들려주기 시작했다.

"그때는 지금처럼 해외여행이 자유롭지 못한 시기였을 텐데, 무슨 이유로 일본어 공부를 시작할 생각을 했습니까?"

"그건 저희 집안이 일본과 오랫동안 맺고 있던 인연 때문이었습니다. 제 조부님은 일제 식민지 시대에 일본에서 토목일을 하셨고, 제 조모님은 토목현장에서 노동자들에게 식사를 해주는 일을 하셨습니다. 그래서 제 선친께서는 일본에서 출생해서 어린시절을 도쿄에서 가까운 가나가와(神奈川)현 요코스카(横須賀)에서 보냈습니다."

그 말을 듣는 순간, 필자는 동병상련의 감정을 느꼈다. 왜냐하면 필자의 외조부님도 도쿄 인근에서 토목일에 종사하셨고, 외조모님은 그곳의 일꾼들을 대상으로 한바(飯場)라고 하는 식당을 운영하셨기 때문이다. 그리고 필자의 어머니도 일본에서 태어나 어린시절을 보내시다가 해방 후 귀국했는데 섬진강변의 시골 마을인 하동 악양에서 너무나 참혹한 '인생의 보릿고개'를 보내셨다.

"1945년에 해방이 되자, 3형제의 장남인 제 선친은 니가타(新潟)항에서 가족과 함께 귀국했습니다. 그러나 해방의 기쁨이 채 가시기도 전에 6·25전쟁이 발발하는 바람에 조부님은 그만 돌아가셨고, 11세가 된 제 선친은 방물장사를 하시는 할머니를 도와 집안의 생계를 책임져야 했습니다.

전쟁이 끝난 뒤 다시 시골로 귀향한 아버님은 군 제대 후에 '순천 박씨'인 어머니와 혼인을 했고, 부모님께서는 아비규환의 전쟁이 끝난 황폐한 시골에서 어린 자식들을 키우기 위해 두 손이 너덜너덜한 나무 갈퀴가 될 때까지 열심히 일만 하셨습니다. 적은 규모의 농사를 지을 변변한 밭뙈기조차 구하기 힘든 척박한 시골에서 태어나 온갖 가난을 다 경험하던 저에게, 할머니가 들려 주시던 일본에 대한 이야기는 마치 자장가처럼 저에게 작은 위안이 되었고, 결국 일본 생활에 대한 동경심이 생겼습니다.

그래서 저는 군 복무기간 동안 일본어 공부에 열심히 매진해서, 군 제대 후에는 '시사 일본어'를 자유롭게 읽을 수 있을 만큼의 일본어 독해 실력을 갖게 되었습니다. 서울 올림픽이 열리기 1년 전인 1987년에, 저는 일본 유학을 결심하고 도쿄로 건너갔습니다.

"바야흐로 인생의 첫번째 도전이 시작되었군요?"

"그렇습니다. 낯선 이국 땅으로 혼자 떠난다는 것이 사뭇 불안하기도 했지만 할머니가 어린시절의 저에게 심어주신 일본 생활에 대한 동경과 환상 때문에 상당히 흥분되기도 했습니다. 그러나 저의 첫번째 환상이 무참하게 깨어지는 데는 단 하루면 충분했습니다."

"도쿄에 도착하자마자 큰 시련을 겪게 되었군요."

"네, 그렇습니다. 저는 도쿄에서 작은 이자카야(居酒屋, 일본의 선술집)를 운영하는 숙부 집에서 숙식을 해결하려는 마음을 갖고 있었는데, 도무지 그 집은 제가 잘 수 있는 환경이 아니었습니다. 숙부가 사는 집에는 정말 협소한 방 2개가 있었는데, 한 방에는 숙부가 숙모와 함께 기거했고 또 다른 방에는 어린 딸 두 명이 잠을 잤습니다. 그러니 이건 도무지 제가 잠을 자기는커녕, 잠시 쉴 공간도 없는 처지였습니다. 사람이 '누울 자리를 보고 두 다리를 뻗는 법'인데, 제가 무슨 염치로 그곳에서 '잠을 재워 달라'는 부탁을 드릴 수 있겠습니까? 결국 저는 그날 저녁에 숙부님과 헤어져 무작정 밖으로 나갔습니다.

저는 그야말로 청운의 꿈을 안고 도일했는데, 당장 첫날 밤부터 잠잘 곳조차 없는 딱한 신세로 전락해 버린 겁니다."

20대의 젊은 혈기와 도전정신으로 일본 유학을 선택했건만, 낯선 이국 타향에서 의지할 곳 하나도 없는 혈혈단신이 되어 이름 모를 공원의 차가운 벤치 위에서 잠을 청해야 하는 그의 심정은 얼마나 막막하고 처량했을까?

어둑한 새벽의 찬 이슬을 맞으며 하룻밤 노숙을 한 그는, 날이 밝자 본인이 입학한 어학당의 교장 선생님을 따로 면담했다. 그리고는 낯선 일본 땅에서 '끈 떨어진 뒤웅박'처럼 곤경에 빠진 자신의 딱한 처지를 설명했다.

'궁하면 통한다'고 했던가? 결국 교장 선생님의 특별한 배려로 교실을 청소하고 선생님들의 잔심부름을 하는 대가로, 수업이 모두 끝난 빈 교실에서 잠잘 수 있게 되었다. 한달 동안 빈 교실에서 토막 잠을 자면서 향학열을 뜨겁게 불태우던 그는, 숙부에게 빌린 돈으로 가까스로 방 한 칸을 얻었다. 그리고는 모자라는 학비와 생활비를 벌기 위해 워킹홀리데이를 온 학생들처럼 알바를 얻기 위해 고군분투했다.

그는 도쿄 신바시(新橋)의 요정(料亭)에서 수업이 끝난 오후 6시부터 밤 11시까지 음식이 가득 든 식기를 손님방으로 옮기는 아르바이트를 시작하게 되었다. 그리고 요정일이 끝나기가 무섭게 인근에 있는 맥도날드 매장으로 달려가서, 자정부터 새벽 6시까지 밤을 꼬박 새우면서 주방과 홀과 화장실을 청소하는 밤샘 아르바이트를 했다. 고된 야간 노동이 새벽 6시에 끝나면 2~3시간의 쪽잠을 자고는 곧장 어학당으로 달려가 일본어 수업을 들어야 했다. 그야말로 초인적인 의지로 형설의 공을 쌓으며 학업에 매진했던 그는, 도쿄 릿쿄대학 관광학과에 당당히 입학한다.

영국 성공회에서 세운 카톨릭 계통의 대학인 릿쿄대학은 그 당시에 일본 유일의 관광학과가 개설되었기 때문에 경쟁률이 60대 1이나 되었다. 그리고 외국인을 대상으로 하는 관광학과 석사 과정은 1년에 2명밖에 선발하지 않을 정도로 경쟁이 치열했다.

그러나 그는 오후 6시부터 다음 날 아침 6시까지 밤새워 고된 노동을 해야 하는, 극한의 주경야독을 하면서도 『서시』의 저자인 윤동주가 다녔던 릿쿄대학에 감격의 입학을 한다. 필자는 이것은 '가난한 한국인 고학생의 간절함과 절박함이 이뤄낸 마법 같은 기적이었다'고 생각한다.

그는 드디어 서울 올림픽이 개최되던 1988년에 릿쿄대학 입학과 함께 한국인 신부와 혼인도 하게 된다. 그는 도쿄에서 결혼한 후에 1명의 딸을 낳으면서 대학원까지 학업을 이어 나갔다. 그러다 보니 언제나 그의 가장 큰 고민은 가족들의 생활비 마련이었다.

그러나 아직 학업을 끝내지 못한 대학원생이었던 그로서는, 제대로 된 직장을 구할 방법이 전혀 없었다. 그래서 그는 여러 종류의 아르바이트를 열심히 할 수밖에 없었다. 그가 했던 수많은 아르바이트 중에서 가장 힘들었던 일은 건물 철거 현장에서 하는 야간 철거 공사였다고 했다.

"저는 와세다대학 인근에 있는 타카다노바바(高田馬場)의 인력 시장에서 야간에 건물을 철거하는 노가다를 했습니다. 제가 주간에 노가

다를 하지 않고 야간에 노가다를 지원했던 이유는, 낮에는 학교에 가야했고 주간보다 야간에 받는 임금이 더 높았기 때문입니다. 밤새워 무거운 해머와 삽을 들고 고된 노동을 한 뒤에, 새벽에 와서 잠시 눈을 부치고는 다시 등교를 하는 고된 생활이었습니다. 그러나 저는 대학원 공부를 하면서도 가족들의 생활비와 학비를 벌어야 하는 절박한 환경이었기 때문에, 저에겐 다른 선택을 할 여지가 전혀 없었습니다."

그는 칠흑같이 어두운 심야에 땀과 눈물과 콘크리트 가루가 뒤범벅된 아비규환의 철거현장에서, 두꺼운 벽돌을 깨고 단단한 콘크리트를 무너뜨리는 고된 노동을 밤새워 해야만 했다. 사람들이 편히 잠든 야간에 온몸을 무겁게 짓누르는 삶의 현실과 힘겨운 사투를 벌여야 했던 그는 땀에 푹 절은 남루한 작업복을 입고 집으로 돌아갈 때 폐 안으로 가득 밀려 들어오던 도쿄의 아침 공기가 "그토록 신선하고 상쾌할 줄은 정말 몰랐다."며 감회 어린 표정을 지었다.

지성이면 감천이라고 했다. 불꽃처럼 치열한 삶을 성실하게 견디는 사람에게, 왜 성공의 기회가 찾아오지 않겠는가? 그의 인생에도 드디어 밝은 서광이 비치는 순간이 다가왔다. 그것은 서울 올림픽이 세계인의 찬사를 받으며 성공적으로 끝나고 한국의 경제 상황이 좋아지면서, 해외여행에 눈을 뜬 한국 관광객들이 일본으로 밀물처럼 밀려오기 시작한 것이다.

이런 여파로 한국 관광객들을 대상으로 한 통역일이 급증하기 시작했다. 그도 세일여행사 전무였던 릿쿄대학교 선배의 소개로 통역 가이드 일을 얻게 되었다. 맨땅에 헤딩하는 절박한 심정으로 낯선 통역 가이드 업계에 발을 내디딘 것이다. 그러나 그동안 일본에서 겪은 수많은 고생과 실패를 통해 단련된 그의 깊은 내공은, 그를 '한국인 유학생 통역 가이드 1호'로 인정받게 만들었다. 그는 본인과 비슷한 처지에 놓여 있는 한국인 유학생들과 함께 일할 궁리를 하게 되었다. 그래서 그들을 모아 교육시켜 70명의 통역 가이드들을 양성했다.

이렇게 해서 일이 조금씩 바빠지기 시작하자, 그의 아내도 여행사에 출근해 통역 가이드 일을 유학생들에게 소개해 주는 일에 합류하게 된다. 그러던 중에 그에게 인생의 새로운 도약을 할 수 있는 절호의 기회가 찾아왔다. 바로 한국인 관광객들을 대상으로 해서 일본 전자제품을 판매하는 블루오션을 발견한 것이다.

90년대 초에 일본을 관광하는 한국인 관광객들은 사이에서 일본 가전제품을 구매하는 것이 대유행이었다. 도쿄 아키하바라(秋葉原)에서 품질이 뛰어나고 디자인이 멋진 일본 가전이 날개 돋힌 듯이 팔렸다. 특히 한국의 가정주부들에게 '코끼리 밥솥'의 인기는 하늘을 찌를 정도였고, 소니(ソニー)·산요(三洋)·히타치(日立)·내셔널(ナショナル) 같은 일본 유명 브랜드의 제품들도 상종가를 쳤다.

그는 새로운 틈새시장으로 도쿄 우에노(上野)공원 맞은편에 있는 코리아타운의 전자제품 도매 상점을 선택했다. 당시 그 도매 상점의 주인은 한국에서 살다가 일본에 정착한 화교였는데, 홍보와 마케팅 능력을 제대로 갖추지 못해 장사를 효율적으로 하지 못하고 있는 상황이었다. 그 상점은 한국인 관광객들이 선호하는 전자제품들을 진열해 놓고도 파리만 날릴 정도로 한가한 상황이었다. 그래서 그는 그 상점의 주인을 만나서 도쿄의 아키하바라보다 저렴한 가격으로 판매하겠다는 약속을 받아낸다.

그리고 그는 자신이 육성한 70명의 통역 가이드들에게도 일일이 연락을 해서, 한국인 관광객들이 우에노의 전자제품 도매상점을 적극 이용하도록 했다. 그리고 그는 〈TK전기〉 명함을 인쇄해서 도쿄 시내의 여러 호텔·음식점·기념품 가게에 배포했다.

이렇게 되자 30~40명의 관광객들이 방문하면 3번에 나누어서 들어가야 할 정도로 비좁고 열악한 도매 상점에 있던 전자제품들은 순식간에 불티나게 팔려나갔다. 결국 우에노의 뒷골목에 있던 화교 주인은 그야말로 긴 가뭄 끝에 단비를 몰고 온 구세주를 만난 격이 되었고, 얼마 후에 30평이 넘는 큰 점포로 확장 이전하게 되었다.

그 즈음, 그에게 3번째 도약의 기회가 찾아온다.

"원래 저의 꿈은 교수였습니다. 그래서 미국 코넬 대학교 유학을 준비하고 있었는데, 아내의 반대로 유학을 포기하고 일본에서 창업을 하게 되었습니다."

그때 그에게 큰 은혜를 입은 우에노의 화교는 본인이 운영하던 〈TK전기〉의 오사카 지점장을 제안한다. 그러나 그는 단순히 봉급을 받는 지점장이 되기보다는 자신의 꿈을 자유롭게 펼치는 CEO가 되고 싶었다. 그래서 그는 도쿄에서 멀리 떨어진 큐슈(九州)로 가서 자신의 이름으로 법인을 창업한다.

"중국에 '황제는 멀리 있고 산은 높다'라는 속담이 있습니다. 저는 〈TK전기〉 사장의 지시를 받는 오사카의 지점장보다는, 도쿄에서 멀리 떨어진 큐슈에서 CEO가 되어 저의 꿈을 제대로 펼치고 싶었습니다. 저는 그동안의 경험을 통해 기존 면세점의 잘못된 운영 방식을 극복할 자신이 있었기 때문에, 큐슈에 제 이름으로 〈TK전기 벳푸(別府)점〉을 창업했던 겁니다."

큐슈에 60평 크기의 점포를 개설하고 〈TK전기 벳푸점〉 간판을 단 그는 인근에 있는 후쿠오카(福岡)의 기존 면세점과 치열한 경쟁을 시작한다. 후쿠오카에 있던 기존의 면세점은 보수적인 영업 방식과 직원들에 대한 고압적인 분위기로 유명한 곳이었다. 그래서 그는 후발 업체로서의 약점을 극복하고 기존 면세점의 단점을 개선하기 위해서 한국인 관광객들을 인솔하는 통역 가이드들에게 파격적인 지원과 대우를 해 주었다.

이러한 그의 고객 응대 방식과 마케팅 전략은 주효했고, 나중엔 이러한 소식을 전해들은 후쿠오카 면세점의 직원들조차 휴일에 한국인 관광객들을 〈TK전기 벳푸점〉으로 데리고 오는 광경이 벌어지기도 했다. 그리고 얼마 뒤엔 통역 가이드들이 한국인 관광객들을 아예 후쿠오카의 면세점으로 안내하지 않고, 〈TK전기 벳푸점〉으로 직접 인솔하는 일이 점점 증가하기 시작했다.

결국 지나치게 보수적이고 고압적인 영업 방식을 고수하던 후쿠오카의 기존 면세점은 폐업을 했고, 〈TK전기 벳푸점〉은 승승장구하면서 잡화뿐 아니라 화장품도 취급하게 되었다. 이무렵 후쿠오카로 진출한 〈TK전기 벳푸점〉은 또 다른 환골탈태를 꿈꾸며 〈TOKI〉로 상호를 개명한다.

"그 당시 저는 관광 통역 가이드들을 잘 대접해야 한다는 마음이었고, 그분들에게 저는 하나의 도구가 되어야 된다고 생각했습니다. 결국 이러한 저의 진심이 관광객들을 인솔하는 통역 가이드들의 마음을 움직인 것 같습니다."

그러나 우리의 인생에 생로병사가 있듯이, 사업에도 흥망성쇠가 찾아온다. 이러한 굴곡은 외부에서 찾아오기도 하고, 또 내부에서 발생하기도 한다.

1997년 말은, 한국인에게 세상의 종말이 찾아온 것처럼 가장 우울하고 비통한 전대미문의 불황이 찾아온 시기였다. 6·25전쟁의 폐허 속에서 '한강의 기적'을 이루며 '아시아의 4마리 용'(싱가포르, 타이완, 한국, 홍콩)으로 등극했던 대한민국이 최악의 외환위기를 맞이하게 되었고, 곧 모라토리엄(Moratori, 국가 채무상환 유예)을 선언해야 하는 국가부도의 위기 상황에 내몰렸기 때문이었다.

결국 한국 정부는 IMF(International monetary Fund, 국제통화기금)에 긴급자금을 요청하는 'IMF 외환위기사태'가 발생하게 되었다. 1997년 말에 대한민국을 강타한 사상 초유의 'IMF 외환 위기 사태'는 한국인들이 처음으로 경험한 거대한 경제적 퍼펙트 스톰(Perfect Storm, 심각한 위기)이었다.

한국의 외환 보유고는 국가부도가 나기 직전의 최악의 상황이었고, 한국인들이 가장 신뢰하는 기업인 은행들이 줄줄이 도산하고, '한강의 기적'을 견인하는 거대한 동력이었던 삼성 · 기아 · LG · 현대 · 선경 · 대우 같은 거대 재벌들이 자산을 급매각하거나 부도를 냈다.

이렇게 되자 평생 직장을 꿈꾸던 수많은 직장인들은 대규모 실직을 하게 되고, 자영업자들은 파산하기 시작했다. 대부분의 한국인들은 정신적인 공황 상태에 빠졌고, 한국 사회는 숨조차 제대로 쉬기 힘들 정도로 무거운 정적만이 감돌았다.

마침내 도쿄 우에노에 있던 〈TK전기〉의 사장으로부터 급한 비보가 전해졌다. 그동안 공급해 준 모든 상품들을 모두 강제로 회수하겠다는 것이었다. 그들은 이구동성으로 "이제 한국은 완전히 끝났다!"라고 말하면서, 상품들을 모두 회수하기 위한 트럭을 전격 출발시켰다. 그당시 한국의 관광산업은 거의 전멸 상태였다. 해외로 나갔던 한국인 유학생들은 한국의 가족들이 학비 지원을 못 하게 되자 허둥지둥 귀국을 했고, 한국인들은 해외 관광은커녕 국내 관광도 모두 중단했다.

일본에 거주하던 한국인 유학생들도 하나둘씩 귀국을 서둘렀고, 한국인 관광객들을 대상으로 일을 하던 통역 가이드들도 거의 실직 상태가 되었다.

일본의 경찰들이 패트롤카를 타고 출동할 정도로 험한 분위기 속에서, 도쿄에서 온 〈TK전기〉 직원들은 후쿠오카의 〈TOKI〉에 있던 제품들을 반강제로 트럭에 실었다.

장사를 못 하게 된 그는, 그동안 제품을 공급해 준 메이커 담당자들을 찾아가 머리를 조아리고 간곡한 부탁을 했다. 그러나 TV를 통해 연일 보도되는 '대한민국의 IMF 외환위기 사태'를 누구보다도 잘 알고 있던 그들은 매정하게도 이미 공급한 제품들도 모두 회수해 갔다.

어쩔 수 없이 그동안 동고동락했던 가족 같은 직원들에게 3개월치 봉급을 지불하면서 "손님들이 다시 돌아오면 다시 부르겠다"고 약속했지만, 그것은 기약없는 일일 뿐이었다. 이제 거의 모든 제품들이 사라진 텅빈 점포에는 구철모 대표와 아내 단 두 사람만 남게 되었다. 모든 것이 다시 원점으로 되돌아간 것이다.

그러나 그는 파국의 위기 속에서 그대로 주저앉지 않고, 새로운 활로를 모색한다. 그것은 한국인 관광객이 아니라, 일본인들을 대상으로 한국의 품질 좋고 값이 싼 식품들을 파는 사업이었다. 그는 한국에서 수입한 김이나 김치 같은 식품들을 홍보하기 위해 각 아파트마다 일일이 다니면서 직접 전단지를 돌렸다.

〈도톤 플라자〉의 구철모 대표

그리고 '위기가 곧 기회'라고 생각한 그는 IMF 외환 위기 사태가 한창이던 그 당시에 제주도 여행보다 더 값이 싼 파격적인 일본 여행 상품을 기획한다. 이것은 도쿄의 릿쿄대학 관광학과를 졸업한 후 통역 가이드와 한국인 관광객들을 대상으로 일본 제품을 판매했던 오랜 경험이 있었기에 가능한 기획이었다.

그는 현지 호텔과 여행사와 협력하면서 저렴한 일본 여행 상품을 개발할 수 있었다. 그러자 한국인 관광객들은 한국의 국적기인 대한항공 여객기를 타고 일본의 유명 온천 관광지인 벳푸를 관광하는 '2박 3일 여행 상품'을, '19만 9천 원'이란 파격적인 가격으로 이용하기 시작했다. 그때는 한국도 IMF가 공급한 구제금융과 '범국민적인 금 모으기' 캠페인을 통해 IMF 외환 위기 사태를 서서히 극복해 나갈 때였다.

바로 그때 제주도 관광보다도 가격이 더 저렴한 '일본 벳푸 온천 관광 상품'이 소개되자, IMF외환위기사태에 지친 한국인의 새로운 힐링 관광 상품으로 각광을 받게 되었다. 결국 이 상품의 판매를 계기로 그가 운영하던 면세점에도 한국인 관광객의 발길이 다시 쇄도하기 시작했다.

다시 재기에 성공한 그는, 드디어 일본의 수도인 도쿄의 도심 신주쿠로 진출하기로 결심한다. 일본의 변방인 큐슈의 벳푸로 떠났던 그가 드디어 도쿄로 입성한 것이다. 그를 알던 대부분의 거래처 사람들은 그가 IMF 외환 위기 사태 때문에 후쿠오카에서 완전히 망한 걸로 예상했다. 그런데 그는 불사조처럼 다시 살아나서 도쿄로 돌아왔다.

신주쿠에 작은 면세점을 개설한 그의 사업은 순항하기 시작했다.

예전에 거래를 단절했던 일본의 메이커 대표들도 그와 거래를 다시 시작했고, 그는 벳푸와 후쿠오카에서의 경험을 발판으로 해서 더욱 활발한 마케팅을 펼쳤다. 후쿠오카, 벳푸, 도쿄점 3개 점포를 운영했던 그의 면세점 사업이 승승장구하던 그때, 또 다른 시련이 다가왔다. 이번에는 일본에서 일어난 '대규모 자연재해'였다.

2011년에 동일본 대지진이 발생하면서 거대한 쓰나미가 해변 도시들을 덮쳤고, 그 여파로 후쿠시마(福島)현에서 방사능 누출사고까지 발생했다. 일본 지진 관측 사상 가장 강력한 리히터 규모 9.0의 지진에 대규모 쓰나미와 방사능 누출 사고까지 겹치는 미증유의 재난으로 인해, 무려 2만여 명의 일본인들이 사망하거나 실종하는 아비규환이 벌어졌다. 도쿄·요코하마·치바의 디즈니랜드·하코네 온천을 찾던 한국인 관광객들의 발길이 그만 뚝 끊겨 버리게 되었다. 결국 그는 또다시 찾아온 위기 앞에서 망연자실할 수밖에 없었다.

그러나 좌절을 모르는 구철모 대표는 자신을 찾아온 위기 앞에서 무릎을 꿇기는커녕, 또다시 새로운 가능성을 모색한다. 그것은 리스크가 큰 한국인 관광객만 상대로 영업하는 것이 아니라, 중국 관광객을 대상으로 면세점 사업을 확대하는 것이었다. 그래서 그는 도쿄 전자제품 판매의 중심인 아키하바라(秋葉原)에 전기제품·건강식품·잡화까지 다양하게 판매하는 종합 면세점을 새롭게 오픈한다. 그리고 도쿄와 오사카 사이에 있는 관광도시인 나고야에도 또 면세점을 개장한다.

"저는 중국인 관광객들을 대상으로 영업을 확대하려면, '물량공세'를 해야 한다고 판단했습니다. 그리고 향후에는 일본의 가전제품 위주의 면세점이 아니라, 일본의 다양한 잡화를 판매하는 면세점이 대세가 되는 세상이 올 것이라고 확신했습니다.

그래서 저는 나고야의 면세점을 빠른 시일 내에 흑자로 만들기 위해, 그 점포에서 3개월간 숙식하면서 중국인 직원들과 함께 밤낮을 가리지 않고 불철주야로 일에 매진했습니다."

결국 나고야의 면세점 사업까지 최단기간 내에 흑자를 내게 만든 그는 일본 도쿄의 직장인들이 가장 많은 오피스 거리인 신바시(新橋)의 '이탈리아 거리'에 일본의 다양한 잡화를 중심으로 하는 면세점을 개설하게 된다.

그런데 이번에는 일본과 중국 사이에 센가쿠 열도(尖閣列島, 중국名 댜오위다오)로 인한 영토 분쟁이 발생하는 바람에, 중국인 관광객들의 발길이 그만 끊겨 버리게 되었다. 그러나 중국인 관광객들의 일본 방문은 감소했지만, 한국인 관광객들의 일본 방문이 증가하는 바람에 이번에 찾아온 위기는 수월하게 넘길 수 있었다. 그런데 구철모 대표는 중국인 관광객의 발길이 끊긴 이 위기를 '또 하나의 도약을 위한 새로운 발판'으로 만들 새로운 전략을 세우기 시작했다.

그는 일본으로 발길을 끊어버린 중국 관광객들을 일본으로 다시 오게 하기 위해, 본인이 중국으로 건너 가서 홍보하기로 결심했다. 그래서 중국으로 출장을 간 그는 중국인들의 일본 관광 비수기에 오히려 중국인들의 일본 관광을 증대시키는 전략을 차분하게 진행하기 시작했다.

'사람이 기다릴 때는 태산처럼 머물고, 움직일 때는 바람처럼 움직이라'고 했던가. 그는 중국으로 건너가자마자 중국어 연수를 받았다. 그래서 불과 1달 만에 중급반에 들어갔고, 2달 후에는 상급반에 들어갔다. 그리고 그 넓은 중국 대륙의 여러 도시들을 순회하면서 중국의 관광업계 대표들을 만났고, 그들을 대상으로 '최저가 일본 여행 상품'을 홍보했다. 또한 그는 만약 중국인 관광객을 일본의 면세점에 보내주기만 하면, 그들이 제품을 일절 사지 않더라도 중국인 고객 1명당 인센티브를 무조건 제공하겠다는 파격적인 조건까지 제안했다.

일본에서 건너온 면세점 대표가 중국의 각 도시에 있는 여행사 대표들을 직접 찾아와 이처럼 전무후무한 파격적인 조건을 제시하자, 중국의 여행사들은 일본을 방문하는 중국인 단체 관광객들을 구철모 대표가 운영하는 일본의 면세점으로 보내주는 것을 주저하지 않았다.

"그 당시 저는 일본 정부로부터 도호쿠(東北) 대지진 보상금으로 받은 돈의 반 이상을 중국 마케팅 비용으로 아낌없이 사용했습니다."

그렇다. 인생이든 사업이든 '뿌린 만큼 거두는 법'이다.

구철모 대표가 드넓은 중국 대륙을 다니면서 뿌린 정성·땀·노력은 그에게 '중국인 관광객 유치 1위 면세점'이란 큰 보상을 안겨주었다. 그리고 도쿄에 이어 오사카가 향후 새로운 인기 관광지가 될 것을 예견한 구 대표는 오사카에 아무도 함부로 흉내낼 수 없는 새로운 비즈니스 모델의 면세점을 구상했다. 그는 2017년 4월에 오사카 도톤보리에 많은 인바운드 여행객뿐만 아니라 일본인도 이용가능한 획기적인 상업시설인 〈도톤 플라자(DOTON PLAZA)〉를 오픈시켰다. 〈도톤 플라자〉에는 보석, 시계, 가방에서 화장품, 전자제품, 생활잡화, 식품, 드럭스토아까지 다양한 상품이 있고 한국어, 중국어, 영어, 일본어 등 다국적 언어의 대응도 매력적이다.

뿐만 아니라, 다도 체험 코너, 렌탈 기모노 코너, 1일 교토 버스투어, 간사이 공항에서 〈도톤 플라자〉까지 셔틀버스도 직행으로 운영하고 있다. 코로나 팬데믹 이전에는 오사카에서 중국인 단체 관광객이

가장 많이 방문하는 '부동의 1위 면세점'이었던 〈도톤 플라자〉는 〈2025 오사카 간사이 월드 엑스포〉를 앞두고 오사카 면세점 관광을 선두에서 견인하는 최고의 면세점으로 발전하기 위해 새로운 기획을 준비하고 있다.

필자는 수차례의 위기와 절망적인 상황에도 결코 굴하지 않고 사업의 흥망성쇠를 지혜롭게 이끌어 나가고 있는 구철모 대표의 꿈에 대해 질문했다.

"제가 사업을 좀 더 키우고 나면 반드시 하고 싶은 일이 하나 있습니다. 그것은 일본에서 제대로 일할 수 있는 인재를 양성하는 대학교를 설립해서 운영하고 싶습니다."

필자는 도톤보리 운하 입구에 우뚝 서 있는 〈도톤 플라자〉를 바라보면서, 대학 교수를 꿈꾸었던 구철모 대표가 한국·일본·중국을 잇는 글로벌 교육자가 되는 새로운 꿈도 성취하기를 기원했다.

도톤 플라자에서 회상하는 한중일 무역의 꿈

중국과 일본과 활발히 교역하면서 해상왕국을 꿈꾸었던 백제의 후손인 야스이 도톤(安井道頓)이 건설한 도톤보리(道頓堀) 운하 앞에 서면, 생각나는 또 다른 인물이 있다. 그는 중국 산동반도와 한반도의 남해안을 오가며 한중일 무역의 가교 역할을 했던 '신라의 해상왕' 장보고이다.

일본은 한반도의 백제, 신라, 고구려뿐만 아니라 중국의 수나라와 당나라와도 직접 교역을 했고, 이러한 활발한 해상무역은 송나라와 원나라까지도 꾸준히 이어졌다. 14세기에 서해안을 지나다가 바닷속에 침몰한 '신한 해저선'은 2만여 점의 도자기와 비단과 돈을 싣고 일본으로 향하던 중국 원나라의 무역선이었다. 그처럼 활발한 교류를 나누었던 한국인, 중국인, 일본인들이 가장 많이 만나는 간사이 지방 최고의 중심 도시가 바로, 오사카이다.

그래서 필자는 이처럼 역사적으로 매우 의미있는 장소에 위치한 〈도톤 플라자〉가, 단순한 면세점이 아니라, 한중일 3국의 관광객들이 함께 만나서 활발히 교류하면서 서로의 문화를 공유하고 마음도 나누는 아름다운 경제 · 문화 · 예술 · 엔터테인먼트 소통의 장소가 되기를 기원한다.

찾아가는 길

DOTON PLAZA

주소 : 大阪府大阪市中央区島之内2丁目15番10号 오사카부 오사카시 주오구 시마노
　　　 우치 2가 15번 10호

전화번호 : 06-6212-6161(한국어 대응 가능)　영업시간 : 09:00~20:30

오시는길 : 오사카 시영지하철 사카이스지선(堺筋線) 닛폰바시(日本橋)역 6번 출구
　　　 에서 도보 5분
　　　 난바(難波)역 15번 출구에서 도보 10분

홈페이지 : http://www.dotonplaza.com.k.acm.hp.transer.com/

오사카 특수메이크업 아티스트

03

주식회사 샤이니 아트의 대표이사 엔도 신야

일본에는 국내외 관광객들이 즐겨 찾는 세계적인 규모의 테마파크가 많다. 최근 외국인들이 많이 찾는 테마파크는 도쿄의 디즈니랜드, 오사카의 유니버셜 스튜디오 재팬, 나고야의 레고랜드가 있다.

특히 디즈니랜드와 유니버셜 스튜디오 재팬은 미국의 디즈니영화사와 유니버셜 영화사가 그동안 제작한 영화 속에 등장하는 꿈과 환상의 세계를 오락적인 요소를 접목해, 현대인들에게 즐거움과 재미를 안겨주는 국제적인 테마파크이다.

그런데 오사카에는 탁월한 특수 메이크업 기술을 가지고 일본의 대형 테마파크에서 활발한 작품 활동을 하고 있는 아트 디렉터가 있다. 현재 일본의 유명한 메이크업 학교인 〈ECC 아티스트 미용전문학교〉에서 10년째 메이크업에 대한 강의를 하면서 다양한 작품활동도 하고 있는 엔도 신야(遠藤慎也) 교수를 만나러 간 날은, 봄비가 부슬부슬 내리는 4월 어느 날이었다.

난바에서 자동차로 1시간 가까이 걸리는 엔도 교수의 사무실을 들어서는 순간, 필자는 깜짝 놀랐다. 그 이유는 그가 30대 후반의 젊은 나이라는 것과 그의 외모가 TV에서 활동하는 보이그룹이라고 해도

아이돌의 미모를 자랑하는 엔도 신야 대표

믿을 정도로 출중한 동안이었기 때문이었다.

그는 정열의 빨강색으로 칠한 철제 대문이 있는 3층 건물 전체를 자신의 사무실 겸 작업장으로 사용하고 있었다. 1층에서 2층의 사무실로 올라가는 작업장 곳곳에는, 그가 특수 메이크업 실력을 발휘해서 만든 사람 크기의 작품들이 곳곳에 전시되어 있었다. 필자가 대단하다며 감탄했던 부분은, 애니메이션이나 영화에 등장하는 인물들을 모두 실물 크기로 만든 것이다. 게다가 인형의 손이나 팔의 피부를 흡사 진짜 사람처럼 부드럽게 만든 것이다. 그런데 그 인형들이 얼굴 근육을 자유롭게 움직이고, 손가락도 유연하게 움직이는 게 아닌가?

20대 초중반의 보이그룹의 가수라고 해도 믿을 것 같은 수려한 외모를 가진 엔도 신야 교수가, 필자에게 들려준 특수메이크업 아티스트로 활동하기까지의 과정은 실로 놀라왔다.

초등학교 시절부터 손으로 만드는 것을 몹시 좋아했던 그는 영화 〈쥬라기 공원(Jurassic Park)〉을 보고 큰 충격을 받았다고 했다. 1993년에 미국의 스티븐 스필버그 감독이 제작한 SF 모험영화인 〈쥬라기 공원〉은 코스타리카의 아름다운 섬에 개설한 공룡 테마파크 내에서 벌어지는 공룡들과 인간의 모험담을 담은 가족 오락영화로, 전세계적으로 엄청난 인기를 모았다. 스티븐 스필버그 감독은 이러한 선풍적인 인기의 여세를 몰아 1997년에는 제2탄인 〈쥬라기 공원: 잃어버린 세계 2〉를 개봉했고, 2001년에는 제3탄 〈쥬라기 공원 3〉도 개봉했다.

초등학교 5학년 때 어머니의 손을 잡고 간 영화관에서 〈쥬라기 공원〉을 본 엔도 신야는, "상상 속에서만 그려 보던 공룡을 마치 살아 있는 동물처럼 생생하게 재현한 특수 분장 기술에 큰 감명을 받았다"고 했다. 그래서 그는 또래 친구들이 공룡 그림책을 갖고 놀 때, 오히려 공룡을 생동감 있게 묘사한 특수 분장 기술에 깊은 관심을 갖게 되었다. 결국 그는 중학생이 되자마자 서점에 들러서 특수 메이크업에 관한 책들을 찾아 열심히 읽기 시작했고, 고등학생 시절에는 스스로 일본의 메이크업 관련 회사와 메이크업 재료를 파는 가게들을 열심히 찾아다녔다.

중학교 3학년 때 특수 메이크업 전문가를 직접 만난 그는 전문가의 다양한 작품들을 두 눈으로 보면서 온몸에 전율이 흘렀다. 한창 감수성이 예민한 사춘기 시절에 특수 메이크업의 세계에 깊이 매료된 그는 이미 특수메이크업의 오타쿠(オタク, 특정 대상에 집착적 관심을 갖는 사람들)가 되어 있었다.

중학교 3학년 어느 날, 그는 그동안 저축했던 돈을 모두 찾아서 미국의 유명한 잡지인 『메이크업 매거진』에 소개된 모든 기업에 일일이 팩스를 보냈다. 그러자 일본의 중학생이 보낸 내용에 관심을 보인 미국의 한 기업에서, 그에게 카탈로그와 함께 특수 메이크업에 관련된 정보들을 제공했다. 이러한 과정을 통해 특수 메이크업을 독학한 그는 고등학교에 입학한 후에는 직접 미국에서 수입한 재료들을 사용해 특수 메이크업 기술을 활용한 다양한 작품들을 만들기 시작했다.

어려서부터 이목구비가 뚜렷하고 춤도 무척 잘 추는 엔도 대표의 재능을 높이 평가한 그의 어머니는 엔도 씨를 프로덕션으로 데려가

연예인 시험을 보게 했
다. 연예계에 입문한
그는 고등학생 모델이
되어 CF계에서 1년 반
정도 활동했다. 원래
그는 수줍음을 많이 타
고 내성적인 성격이었
으나, 고등학생 CF모
델로 활동하면서 연예
계 인맥도 넓히고 성격
도 좀 더 사교적으로
바뀌어 갔다. 한창 CF
모델로 활동하던 고등
학교 3학년 때 그의 인
생에 큰 영향을 끼친
두 번째 영화를 보게
된다.

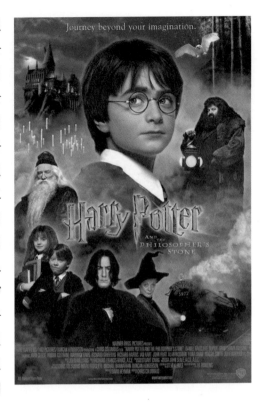

그것은 바로 2001년에 개봉한 영화 〈해리포터와 마법사의 돌(Harry Potter And The Sorcerer's Stone)〉이었다.

영국의 소설가인 조앤 K롤링이 1997년에 출간한 판타지 소설 해리포터 시리즈의 첫째 작품인 『해리포터와 마법사의 돌』은 세계적으로 선풍적인 인기를 모았고, 조앤 K킬링의 소설 해리포터 시리즈는 모두 8편의 시리즈 영화로 제작되었다.

그는 영화 〈해리포터와 마법사의 돌〉을 보고 마법을 연출하는 특수 메이크업의 효과에 더욱 매료되었고, 결국 미국행을 결심한다. 결국 고등학교를 졸업하자마자 3개월 관광비자로 미국행 비행기에 몸을 실었다. 특수 메이크업에 대한 뜨거운 열정과 꿈을 가슴 가득 안고 미국으로 건너간 그는 LA 헐리우드 남쪽에 위치한 도시 토런스에 머무르면서 영어회화도 열심히 공부하고, 시간이 날 때마다 미국의 유명한 영화의 도시인 헐리우드에서 활동하는 유명한 메이크업 아티스트들을 직접 찾아다녔다.

그러던 어느 날.

그는 안젤리나 졸리 등 미국의 유명한 배우들의 메이크업을 담당하고, 영화 〈혹성 탈출〉의 특수 메이크업을 담당한 카즈히로(辻一弘)와 운명적인 만남을 갖게 된다.

현재 미국에서 조각과 순수 미술 작가로 활동하고 있는 카즈히로는, 1991년 쿠로사와 아키라(黒沢明) 감독의 〈8월의 광시곡〉을 비롯해서 〈혹성 탈출〉, 〈벤자민 버튼의 시간은 거꾸로 간다〉, 〈맨인 블랙〉 시리즈 등의 다양한 헐리우드 영화에서 메이크업 아티스트로 활동하던 유명인사였다. 그리고 2018년에는 제90회 아카데미 시상식에서 영화 〈다키스트 아워〉의 남자 주인공인 게리 올드먼을 영국의 처칠 수상과 똑같이 특수 분장한 공로로 〈오스카 분장상〉을 받았다. 특히 제90회 아카데미 시상식에서 〈남우 주연상〉을 받은 배우 게리 올드먼은 영화

처칠 수상으로 분장한 미국 영화배우 게리 올드먼

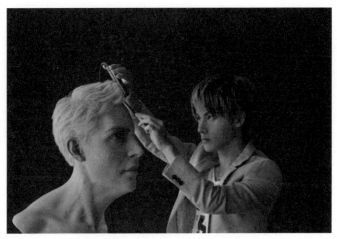
특수 메이크업 작품을 만들고 있는 엔도 신야 대표

〈다키스트 아워〉에 주연 배우로 참여해 달라는 요청을 받았을 때, 메이크업은 카즈히로가 맡아서 자신의 얼굴을 처칠로 특수 분장해 주도록 하는 조건을 내걸기도 했다.

　세계 영화산업의 메카인 헐리우드에서 세계적인 특수 메이크업 아티스트인 카즈히로와의 만남은, 엔도 대표에게 많은 영감을 심어 주었다. 자신의 미래를 어떻게 개척해 가야 할지 새로운 기대로 설레게 했다. 일본으로 귀국한 그는 매년 미국과 일본을 여러 차례 왕래하면서 열정적으로 특수 메이크업 작품 활동을 계속했다. 이미 20대 중반에 실력을 인정받은 그는, 도쿄의 디즈니랜드를 비롯해서 일본 방송계와 영화계에서 특수 메이크업 아티스트로 활발하게 활동했다. 27세가 되던 2010년, 그는 미국의 유명한 전문잡지인 『메이크업 매거진』에 특집 기사로 소개되었다. 현재 그는 오사카에 거주하면서 애니메이션에 등장하는 인물들을 움직이는 조형물로 만드는 작품 활동을 왕성하게 하고 있다. 그리고 전문적인 특수 메이크업 아티스트를 꿈꾸는 학생들을 위해 〈ECC 아티스트 미용학교〉에서 열심히 학생들을 지도하고 있다.

세계적인 카지노 도시인 미국의 라스베가스가 리조트와 테마파크의 도시로 변신한 것처럼, 그는 "향후 국제적으로 점점 증가할 테마파크에서도 특수 메이크업 아티스트의 역할이 점점 커지고 수요도 증대할 것이기 때문에, 학생들을 더욱 열심히 가르치고 있다"고 말했다.

필자는 엔도 신야의 사무실과 작업실에 전시된 다양한 작품들을 살펴보면서, 그의 특수 메이크업에 관한 능력이 다른 분야와 콜라보할 경우에 더 큰 시너지 효과가 있을 것이라는 생각이 들었다.

만약 미래의 4차 산업인 로봇 산업과 협력하게 되면, 로봇의 얼굴이 미세한 근육의 움직임까지 표현할 수 있는 감성적인 로봇으로 변신하게 되면서 로봇 구매자들을 더욱 많이 확보할 수 있지 않을까? 또한 의료계와 협력하게 되면 딱딱한 의수 대신 사람의 손과 똑같은 촉감을 가진 부드러운 느낌의 의수를 착용해서, 삶의 질을 훨씬 더 높일 수 있을 것이다.

필자는 엔도 신야 대표와 인터뷰를 마치고 나오면서, 이미 특수 메이크업 아티스트로서 독자적인 전문성을 갖춘 그가 일본의 미래사회를 더욱 멋지게 만드는 거장이 될 것이라는 굳은 확신이 들었다.

오사카의 특수 메이크업 아티스트가
아카데미상 수상자의 제자가 된 이유는?

필자는 엔도 신야 대표의 두둑한 배짱과 남다른 용기에 감탄하지 않을 수 없었다. 고등학교를 졸업하자마자 특수 메이크업 기술을 배우기 위해 혼자서 미국으로 떠난다는 것은, 정말 대단한 용기가 필요했을 것이다.

"어린 나이에 홀로 미국으로 건너가서 특수 메이크업 아티스트들을 만나고 그들과 많은 교류를 하기 위해서는, 사실 많은 용기가 필요했습니다. 그러나 저에게는 특수 메이크업 아티스트로서 세계적인 거장이 되고 싶다는 간절함과 뜨거운 열정, 그리고 확고한 집념이 있었습니다. 그렇기 때문에 그 어떤 역경이나 장애물도 다 극복하고 오직 한 길만을 달려갈 수 있었습니다."

헐리우드 영화계에서 특수 메이크업 아티스트로 활발히 활동하던 카즈히로는, 그에게 가장 좋은 스승이자 인생의 멘토(Mento)였다. 카즈히로는 특수 메이크업의 드넓은 세계에 대해 더 전문적인 지식과 실력을 쌓도록 많은 도움을 주었고, 특수 메이크업 아티스트로서 좀 더 창의적이고 글로벌한 시각을 가질 수 있게 도와주었다. 카즈히로는 지금도 엔도 신야 대표와 활발하게 교류를 나누고 있다. 엔도 신야 대표가 갖고 있던 치열한 목표 의식, 대담한 추진력, 확고한 집념이 30대 중반의 그를 일본 특수 메이크업계에서 거장의 반열에 올려놓은 원동력이며, 또한 오사카 상인의 혼 속에 들어 있는 빛나는 보석이 아닐까?

홈페이지 : http://www.shinyart.net/

오사카 시티투어 프로그램, 오사카 원더 루프 버스

04

(사) 간사이 인바운드 사업추진위원회 이사장 호리 칸지

'세계적인 미식과 쇼핑의 도시' 오사카에는 관광회사를 통한 패키지 여행으로 방문하는 관광객들도 많지만, 소수 인원이 개별적으로 여행하는 FIT(Free Independent Tour) 관광객들도 꽤 많이 있다. 그런데 오사카를 처음 방문하는 개별 여행객들에게는 드넓은 오사카를 어떻게 이동해야 하는가가 큰 애로사항이다. 물론 오사카는 지하철과 전철 노선이 잘 정비되어 있어 관광객들이 이동하기에 무척 편리하다. 문제는 오사카의 지하철은 서울의 지하철과 운영체계가 너무나 다르다는 것이다.

서울은 현재 지하철과 전철 노선이 1호선에서 9호선까지 있고 여기에 경의중앙선 · 경춘선 · 공항철도 · 수인분당선 등이 있다. 서울은 어느 노선을 선택하더라도 신분당선을 제외하면 요금을 단 1회만 내면, 몇 번을 환승하더라도 환승에 따른 추가 요금이 없이 본인이 원하는 역까지 계속 이동할 수 있다. 그러나 오사카는 이런 방법으로는 결코 이동할 수가 없다.

오사카는 현재 〈오사카 메트로(大阪メトロ)〉라고 불리는 지하철과 개별 기업들이 운영하는 사철, 그리고 일본 정부에서 운영하다가 1987

년 JR그룹으로 이관한 JR노선이 있다. 이러한 이유 때문에 지하철이나 전철을 타고 이동하다가 다른 사업 주체가 운영하는 노선으로 환승하려면, 요금을 더 내고 표를 또다시 끊어야 한다.

물론 오사카에서 발행하는 교통카드가 있으면 표를 다시 끊어야 하는 불편함은 없지만, 추가 요금을 더 내야 하는 것은 매한가지다. 즉 본인이 내려야 하는 역이 사업 주체가 각각 다른 노선의 지하철이나 전철을 3번 환승해야 한다면, 각각 표를 3번 다시 끊어야 하는 것이다.

또 전철 환승을 하지 않더라도 역의 사업 주체가 다른 노선이 있다면 내려서 추가 요금을 더 정산해야 한다. 예를 들어, 한신(阪神) 전철 아마가사키(尼崎)역에서 킨테츠(近鉄) 전철 츠루하시(鶴橋)역까지는 철도 사업 주체간의 협의로 전철이 직결 운행되고 있다. 그러나 운영 주체가 다르기 때문에 추가요금을 정산해야 하는 것은 매한가지다.

게다가 똑같은 명칭을 가진 역이라도 운영하는 사업 주체에 따라 역의 위치와 출입구가 다르다. 예를 들면 관광객들이 가장 많이 이용하는 난바(難波)역일 경우 난카이선(南海線) 전철의 난바역 위치와 JR 난바역의 위치와, 킨테츠선 난바역의 위치가 각각 서로 다르다. 그리고 킨테츠선 난바역과 미도스지선(御堂筋線) 난바역의 위치는 같지만, 각각 출입구가 전혀 다르다.

이런 상황이다 보니, 오사카를 처음 방문하는 해외 관광객들이 지하철역이나 전철역의 매표소 부근에서 어리둥절한 표정으로 주위를 두리번거리며 일본 역무원들의 도움을 요청하는 광경을 자주 목격하게 된다. 이러한 해외 관광객들에게 큰 도움이 되는 교통수단이 바로, 〈오사카 원더 루프 버스(Osaka Wonder Loop Bus)〉이다.

오사카 시티투어인 이 시스템은 단순히 관광버스만 이용하는 것이 아니라, 서로 연계된 관광버스와 선박과 지하철을 자유롭게 이용하면서 오사카 관광을 편리하고 쉽게 할 수 있는 여행 프로그램이다. 오사카 관광의 핫 플레이스(Hot Place)는 남쪽의 미나미 지구에는 난바 · 도

톤보리 · 신사이바시 · 시텐노지 · 신세카이(新世界)지역이 있고, 북쪽의 키타(北)지구엔 우메다 · 키타신치(北新地) · 텐마바시 · 오사카 성 등이 있으며, 서쪽에는 오사카 항 및 덴포 산(天保山)이 있다. 그런데 오사카 관광을 처음 온 해외 관광객들이 이곳들을 지하철이나 전철로 손쉽게 이동한다는 것은 무척 어려운 일이다. 이런 분들이 〈오사카 원더 루프 버스(大阪ワンダーループバス)〉를 이용하면 아주 편리하고 빠르게 관광할 수 있다.

오전 9시부터 오후 8시 50분까지 하루 10회 운영하는 2층 오픈 탑 버스를 타면, 13군데의 관광 명소를 자세한 설명과 함께 순회한 뒤 최초 출발지로 다시 돌아온다. 총 140분이 소요되며, 하루 동안 무제한으로 승하차가 자유롭게 가능하다. 그래서 자기가 원하는 관광 명소에 내려서 충분히 관광한 뒤에, 다음에 오는 버스를 타고 이동하면 된다.

그리고 〈오사카 원더 크루즈(大阪ワンダークルーズ)〉 선박도 오전 9시 20분부터 오후 7시까지 1일 5회 운항한다. 선박은 미나미(南) 관광의 주요 거점인 도톤보리 운하에 타는 곳이 두 군데 있고, 키타(北) 관광의 주요 거점인 기타신치와 텐마바시에 각각 타는 곳이 한 군데씩 있어, 2층 오픈 탑 버스를 타고 가다가 안내원에게 미리 문의하면, 본인이 탑승하고 싶은 선착장으로 친절하게 안내해 준다.

2층 오픈 탑 버스 안에 있는 안내원에게 문의하면, 관광객들이 무료로 무제한 승차할 수 있는 오사카 메트로, 뉴트램(ニュートラム), 시영버스에 대한 안내와 할인이 가능한 38곳의 관광시설에 대한 안내도 함께 받을 수 있다.

오사카를 처음 찾아오는 해외 각국의 관광객들을 위한 '오사카 시티투어 시스템'을 정착시킨 호리 칸지(堀感治) 사장을 인터뷰하기 위해 찾아간 곳은 우메다에 위치한 회사 사무실이었다.

필자는 호리 칸지 이사장의 기획력과 추진력에도 상당히 놀랐지만, 도대체 이러한 아이디어들이 나오게 된 배경이 무엇인지 무척 궁금했

재기발랄한 오사카 관광의 아이디어 맨, 호리 칸지
이사장

다. 따뜻한 녹차를 마시며 잠시 침묵을 지키던 그는, 잠시 후 천천히
이야기를 시작했다. 대단히 겸손한 모습으로 천천히 들려주는 그의
이야기는 무척 놀라웠다.

호리 칸지 이사장의 부친은 오사카에 있는 건설회사의 대표였다. 그
래서 그는 어린 시절 미국으로 건너가서 중학교와 고등학교를 다닐
수 있었다. 미국 유학 생활에 적응해 고등학교 생활을 재미있게 보내
던 어느 날, 일본에서 급한 연락이 왔다. 부친이 운영하던 건설회사가
일본의 버블경제로 인한 경기 침체를 이겨 내지 못하고 그만 도산을
하게 된 것이다. 그때 그의 나이 17세였다.

부친의 회사가 도산이 되자, 결국 그는 눈물을 머금고 미국 유학 생
활을 중단해야 했다. 미국에서 펼쳤던 모든 희망들을 포기한 그는 큰
상실감을 안고 일본으로 귀국했다. 그러나 오사카로 돌아온 그는 절
망감에 빠져 실의에 찬 나날을 보낼 수만은 없었다. 급격히 나빠진 집
안의 경제 사정으로 인해 그도 돈을 벌어야 했기 때문이다. 결국 그는
오사카의 부동산 회사에 취직한다.

미국에서 유학생으로 지내다가 갑자기 부동산 회사에서 일을 하려고 하자, 갑작스러운 환경 변화와 생소한 업무 때문에 처음에는 적응하기가 결코 쉽지 않았다. 그러나 집안의 절박한 환경을 빨리 극복하고 기울어진 가세를 다시 일으켜 세우기 위해서는, 결코 감상에 젖어 의기소침해 있을 수만은 없는 노릇이었다.

그는 오직 자신의 젊음 하나만을 무기로 해서 세상의 거친 파도 속으로 과감하게 몸을 던졌다. 값싼 감상에 젖거나 슬픔에 빠질 시간도 없이 열심히 앞만 바라보며 열심히 달린 결과, 그는 30대가 되었을 때 오사카 부동산 업계에서 상당히 인정받는 사람이 되었다. 그리고 그

호리 칸지 이사장 사무실에 걸려 있는 복을 기원하는 장식물, 카도마츠(門松)

는 부동산 업무를 하면서 알게 된 다양한 정보와 인맥을 활용해서 본인의 사업 구상을 하게 되었고, 결국 40대에는 주변의 지인들과 함께 몇 가지 사업을 진행하기 시작했다.

그러던 어느 날, 미국에서 생활하고 있던 사촌동생이 오사카에 관광차 방문했다. 그는 사촌동생을 데리고 오사카의 관광 명소들을 안내해주면서 오랜만에 많은 대화를 나누었다. 그때 그의 뇌리 속에 문득 스친 생각이 하나 있었다.

내 사촌동생처럼 오사카를 처음 방문하는 해외의 관광객들에게 좀 더 쉽고 좀 더 편리하게 오사카 관광을 할 수 있는 시스템을 구축하는 건 어떨까?

그 당시는 오사카 상공회의소에서 오사카와 간사이 지방 발전을 위한 새로운 비전으로 〈천객만래(千客萬來, 많은 손님이 번갈아 찾아오는) 오사카 플랜〉을 제시하고, 오사카와 간사이 지방에 많은 관광객을 유치하는 새로운 비즈니스를 창출하기 위해 많은 노력을 경주할 때였다. 그는 해외의 관광 선진국은 물론이고 가까운 도시인 교토나 고베에도 관광객들을 위한 시티투어 버스 제도가 있는데, 오히려 간사이 지방의 중심도시인 오사카에 이러한 것이 없다는 것이 안타깝게 생각되었다. 그래서 그는 국내외 관광객들이 2층 관광버스를 타고 오사카의 주요 관광 명소를 순환하면서 자유롭게 관광할 수 있는 〈오사카 원더 루프버스〉 운영을 오사카시에 최초로 제안했다.

그의 제안을 주의깊게 경청한 오사카시에서는 〈오사카 원더 루프 버스〉의 지속가능한 운영을 위한 종합적인 경영 대책을 세워 오면, 오사카 시티 투어 버스 운행을 허가해 주겠다고 했다. 그러자 이때부터 그의 탁월한 기획력과 탱크 같은 추진력이 빛을 발하기 시작했다. 그는 먼저 2013년에 (사)오사카 인바운드 관광 추진협의회를 설립했다.

오사카 원더루프 버스 광고

그리고 '오사카 원더 루프버스 운영 기획서'를 작성한 그는, 30여 개의 기업을 일일히 방문해서 후원을 요청했다.

오사카의 인바운드 관광을 활성화시킨다는 명분은 좋았지만 30여 개의 기업을 하나씩 하나씩 설득해서 후원사가 되도록 한다는 것은, 무척이나 어렵고 힘든 일이었다. 그러나 강한 의지와 뜨거운 집념의 사나이인 호리 칸지 이사장은 3년 동안 후원사 설득 작업을 꿋꿋하게 진행했고, 드디어 2016년에 오사카 시로부터 허가를 받게 된다.

모두가 한마음으로 합심해서 오사카의 인바운드 관광을 활성화시켜야 한다는 그의 외침이 30여 개 기업의 대표들과 오사카 공직자들의 마음을 결국 움직인 것이다.

호리 이사장은 '오사카 주요 관광지를 버스를 이용해서 편리하게 관광하자'는 뜻을 담은 〈원 오사카(One Osaka)〉를 슬로건으로 한 〈오사카 원더 루프 버스〉가 운행을 시작하는 날, 두 주먹을 불끈 쥐었다.

그는 오사카 인바운드 관광의 새로운 블루오션을 개척하겠다는 파이오니아(パイオニア, 개척자) 정신으로 힘겹게 만든 〈오사카 원더 루프 버스〉를 홍보하기 위해, 해외 여러 나라를 방문했다. 그리고 그곳에서 들은 해외 관광객들의 요구를 더욱 충족시키기 위해, 귀국하는 즉시 오사카시 교통국과 행정국과 협의하여 '물의 도시(水の都)' 오사카를 관광하는 크루즈와 시영지하철도 무제한 탑승하는 시스템을 구축했다.

현재 〈오사카 원더 루프 버스〉표를 구매하면, 2층 버스를 무제한으로 탑승해 13곳의 관광 명소를 구경할 수 있다. 버스 안에는 오사카가 처음인 관광객들을 위해 친절한 설명을 하는 안내원이 있다. 그리고 크루즈는 저녁 7시 이후에는 완전 예약제로 운영을 하기 때문에 특별한 추억을 만들고 싶은 관광객 들에게 대단히 유용하다. 또한 크루즈는 계절에 따라 특별한 코스를 운영하기도 하는데, 봄에 벚꽃이 만개하는 기간에는 벚꽃을 감상하기에 대단히 환상적인 코스로 크루즈가 운항한다. '물의 도시'인 오사카의 강에서 바라보는 오사카의 경치는 더욱 인상적이고 색다르다.

2025 오사카 간사이 월드 엑스포를 준비하는 사람들

05

㈜ 크리에티브 팜의 박상준 대표

이 책을 쓰면서 가장 큰 도움을 받았던 기업인은 ㈜크리에티브 팜의 박상준 대표이다. 현재 K-POP 공연 · K-뷰티와 K-패션 홍보 · 유통 사업 등을 활발히 펼치고 있는 박상준 대표는 도쿄와 오사카에서 30년 동안 살면서 쌓은 다양한 인맥과 경험을 바탕으로 해서 필자에게 과분한 도움을 주었다.

박상준 대표는 도쿄 신주쿠의 유명한 유흥가인 가부키쵸(歌舞伎町)의 음습한 배후 동네였던 신오쿠보(新大久保)역 일대를 한류가 넘실거리는 코리아타운으로 변모시킨 명망 높은 한류 1세대 문화기획자이다. 신주쿠역에서 한 정거장 거리에 있는 신오쿠보역 일대는 20여 년 전만 하더라도, 신주쿠 경찰서에서도 골머리를 썩을 정도로 사고와 사건이 빈번하게 발생하던 우범 지역이었다.

박상준 대표는 도쿄에서 방송영상학을 전공하고 PD로 근무하던 중에 한국과 일본의 음악적 교류를 위해 새로운 문화벤처를 시작했다. 그는 도쿄에서 활동하는 후배들과 함께 대한가수협회 일본지회를 최초로 만들었다. 그때는 한류 문화가 아직은 크게 형성되지 않은 열악한 시기였다. 그러나 그는 척박한 환경에서도 선견지명을 갖고, 한국

음악을 일본에 알리기 위해 부
단한 노력을 계속했다.

30대 초반의 젊은 나이에 돈
과 시간과 땀과 눈물을 먼저

투자해야 하는 그의 문화 벤처 사업은 2003년이 되어서야 빛을 발하
기 시작했다. '한류 드라마 제1호'인 〈겨울 연가〉가 〈겨울의 소나타〉
라는 제목으로 일본에서 방영되기 시작한 것이다. 〈겨울의 소나타〉는
일본의 중장년 여성들을 중심으로 최종 시청률이 20%를 훌쩍 넘길
정도로 폭발적인 인기를 얻었고, 일본 전역에는 한류 문화가 꽃을 활
짝 피우기 시작했다.

그 무렵 박상준 대표는 온갖 폭력과 사고로 얼룩진 우범지대로 인
식되었던 신오쿠보역 일대의 뒷골목을 '한류문화의 발신 기지'로 만
들기 위해 고군분투하고 있었다. 신주쿠 구청에서 '최초의 한국인 문
화위원'으로 임명된 그는, 신주쿠 구청장에게 도쿄의 유명한 다운타
운인 신주쿠역 일대와 도쿄의 대표적인 우범지역인 신오쿠보역 일대
를 아름다운 문화와 예술로 연결하는 새로운 원(元)도심 개발 프로젝
트를 제안했다. 그는 신오쿠보역 일대에서 상업 활동을 하고 있는 수
많은 재일교포들과 뉴커머(ニューカマー, 1980년대 이후 일본에 온 한국인)들

박상준 대표

을 설득해서, 우범지역이란 오명을 쓰고 있는 그 일대를 한류 문화가 꽃피는 '한류의 성지'로 만드는 일을 함께 추진하기 시작했다. 신오쿠보역 일대에서 '최초로 K-POP 정기공연을 시작했고, 현재 신오쿠보 K-POP 공연의 성지로 자리잡은 쇼박스와 K-스테이지의 상설 공연 프로그램을 기획했다.

'문화의 힘으로 세상을 바꾸겠다'는 그의 의지 덕분에 일본인들이 평소에 찾기를 꺼려 하던 신오쿠보역 일대는, 일본의 젊은 세대가 가장 많이 찾아오는 일본 최대의 한류 문화거리로 발전했다.

그 당시 그가 직접 발굴하고 기획했던 수많은 K-POP 공연과 신오쿠보의 아이돌 가수들은 일본의 다양한 TV와 언론에 100여 차례나 소개되는 대성공을 거두었다. 또한 '문화를 통한 코리아타운 활성화'라는 도쿄의 원(元)도심 개발 프로젝트를 성공시키는 데 만족하지 않고, 일본 최대의 재일교포 거주지인 오사카의 코리아타운에서도 새로운 도전을 시도하고 있다.

전세계에 코리아타운이 있는 수많은 도시들 중에서도 오사카는 특별한 도시이다. 아득한 삼국시대부터 한반도에서 수많은 백제인들이 배를 타고 세토우치내해(瀬戸内海, 세토우치나이카이)의 거친 풍랑을 헤치고 들어와 정착한 곳이기 때문이다. 한마디로 세계 최초의 코리아타운이 형성되었다고 할 수 있다. 또한 일제강점기 시대(1910년~1945년)를 거치면서 조선의 수많은 농민과 노동자들이 이주해 온 간사이 지방 최대의 국제 항구도시다.

일제강점기 시대에는 한반도 최대의 항구 도시였던 부산과 시모노세키(下關)를 연결한 관부연락선(關釜連絡船)을 타고 오사카로 이주한 조선인들도 많았지만, 한반도 최남단 섬인 제주도와 오사카 사이를 직항했던 여객선인 키미가요마루(君が代丸)호를 이용해 오사카로 이주한 조선인들도 무척 많았다.

오사카로 이주한 조선인들이 가장 많이 정착한 지역이 지금의 이쿠노구(生野區) 일대이다. 오사카 성 남쪽에 위치한 이쿠노구에는 히라노강(平野川)을 운하로 바꾸는 토목공사가 시행되고 있었고, 또 히라노강변을 따라 중소기업과 공장들이 많이 늘어서 있었다. 그 당시 오사카는 '아시아의 맨체스터'로 불릴 정도로 발전하는 일본의 유명 공업도시였다. 그래서 오사카로 들어온 조선인들은 일자리를 찾아 자연스럽게 히라노강을 중심으로 하는 이쿠노구 일대에 정착했던 것이다.

사람이 모이면 시장이 생기게 마련이다. 그리고 일본인들의 생활에서 신사(神社)는 사람들이 모이는 중요한 장소이다. 그런데 히라노강 인근에 일본의 닌토쿠 천황(仁德 天皇)을 모시는 미유키모리 신사(御幸森神社)가 있었다. 그래서 조선인들은 미유키모리 신사 옆에 있는 작은 골목에 '조선인 시장(朝鮮人市場)'을 열었다.

광복이 된 이후에는 인근에 있는 넓은 공터에 일본인들과 함께 야외시장을 만들었다. 제2차 세계대전 종전 이후의 극심한 혼란기에 넓은 공터에 들어섰던 야외시장은, 나중에 츠루하시(鶴橋)역이 들어서면서 큰 공설(公設)시장인 츠루하시 시장(鶴橋市場)으로 발전했다. 그리고 츠루하시역에서 10여 분 거리에 위치한 '조선인 시장'은 2002년 한일 월드컵 기간에 일본의 여러 미디어에 소개되면서 '코리아타운'으로 발전했다.

그러나 오사카의 코리아타운은 도쿄의 코리아타운에 비해 많이 열악한 환경이었다. 도쿄의 코리아타운에 비해 규모도 많이 작았고, K-

POP 공연장도 없고, 오후 5시 정도만 되면 손님도 거의 없는 형편이었다. 그래서 도쿄에서 오사카로 이주한 박상준 대표는 오사카의 코리아타운에도 도쿄의 코리아타운에서 한 것처럼, '한류 문화를 통한 지역 활성화'를 위한 다양한 프로그램들을 기획하기 시작했다. 특히 그는 일본에 진출하려고 하는 한국의 아이돌 가수들을 오사카에서 다양한 공연 경험을 쌓게 만든 후에, 도쿄로 진출시키는 K-POP 프로젝트를 기획해서 많은 성공을 거두었다.

그리고 코리아타운의 신규 빌딩에 처음 입주한 카페에 '아이돌 가수들의 팬미팅 공연'을 지속적으로 유치해서, 그 카페가 입점한 빌딩을 오사카의 한류 팬들이 가장 선호하는 '코리아타운 최고의 핫플레이스'로 만드는 대성공도 거두었다.

또한 한·중·일 모델 대회의 일본 대표가 된 그는 (주)크리에이티브

도쿄 코리아타운

팜을 설립해 K-POP의 뜨거운 열기를 K-뷰티와 K-패션으로 연결시키는 사업을 시작했다. 그리고 일본의 한류 팬들을 대상으로 다양한 오픈 스튜디오 MCN Platform 방송 제작과 매니지먼트, 한류 공연 마케팅, 유통사업 등을 전개하고 있다. 또한 〈2025 오사카 간사이 월드

오사카 코리아타운

엑스포)를 앞두고 많은 발전을 거듭하고 있는 오사카 일대의 빌딩과 호텔을 매입하려고 하는 한국인들에게 최상의 정보를 제공하는 부동산 관련 비즈니스도 진행하고 있다.

"제가 30년 가까운 세월 동안 일본에 거주하면서 도쿄의 코리아타운과 오사카의 코리아타운을 활성화시키는 다양한 문화 프로젝트를 지속적으로 기획할 수 있었던 열정의 배경에는, 조선통신사의 오랜 역사 속에서 온고지신(溫故知新, 옛것을 익히고 그것을 미루어서 새것을 앎)의 지혜를 배웠기 때문입니다. 지리적으로 가장 가까운 한반도와 일본 열도 사이에 문화 교류가 가장 활발했던 시기가 바로, 선조가 도쿠가와 막부에 최초의 조선통신사를 파견했던 17세기 ~18세기였지 않습니까?"

조선의 선조가 도쿠가와 이에야스가 있는 에도(도쿄)로 사명대사(惟政)를 파견한 것은 임진 · 정유재란(1592년 ~1598년)이 끝난 지 6년 후인 1604년이었다.

최초의 조선통신사는 1607년부터 1811년까지 총 12회 일본에 파견되었고, 조선통신사가 운영되던 204년 동안 조선과 에도막부는 문화와 평화의 시대를 함께했다. 특히 조선의 문화예술인들이었던 선비, 서예가, 학자, 화가들이 많이 참여한 조선통신사는, 일본 열도에 문화적으로 커다란 반향을 일으킨 또 하나의 한류를 일으켰다.

2017년에 '유네스코의 세계기록 · 문화유산'에 등재된 조선통신사의 다양한 기록물을 살펴보면, 그 당시 에도막부에서 조선통신사를 얼마나 극진히 대접했고, 또 그들이 갖고 온 조선의 다양한 문화와 예술을 일본인들이 얼마나 선호했는지에 대한 상세한 자료들을 확인할 수 있다.

한양(漢陽, 지금의 서울)에서 출발해서 에도까지 2,000km에 육박하는 먼 거리를 가는 데는 8개월에서 10개월 정도 걸렸고, 400명에서 500명의 인원으로 구성된 조선통신사를 맞이하기 위해 일본에서는 천여

도쿄로 들어가는 조선통신사 일행

척의 배가 동원되었고, 총 경비는 100만 냥(현재 가치로 5천억 원 정도)이 들었다.

　조선통신사가 머무는 곳마다 서화(書畵, 글씨와 그림)나 시문(詩文, 시가와 산문)을 받거나 필담을 나누려는 일본인들로 문전성시(門前成市)를 이루었고, 조선통신사 일행이 일본의 수도였던 에도로 들어갈 때는 그 행렬을 보기 위해 몰려든 일본인들로 인산인해(人山人海, 사람이 수없이 많이 모인 상태)를 이루었다. 1719년의 제9회 조선통신사에 참여했던 선비인 신유한은 여행기『해유록(海遊錄)』에서 다음과 같이 기록했다.

에도로 향하는 30리 길이 수많은 인파로 끝없이 이어져 수십만 명에 이를 정도이다.

조선통신사의 방일(일본 방문)로 인해 물자는 물론이고, 예술과 학문의 교류가 활발하게 이루어져 일본 문화의 기초가 되었다.

1811년 이후 조선통신사의 일본 방문이 끊어진 지 200여 년이 지난 지금에도, 일본 열도 곳곳에는 조선통신사의 흔적이 진하게 남아 있다.

현재 일본에는 15개의 지방자치단체가 참여하는 '조선통신사 연지 연락협의회'라는 단체가 결성되어, 매년 조선통신사 관련 축제를 개최하고 있다. 또한 조선통신사 선박들이 정박했던 오카야마(岡山)현 세토우치시의 우시마도(牛窓)라는 작은 항구에는 조선통신사 기념관이 세워져 있고, 옛날에 조선통신사와 함께 온 어린 무동이 추던 춤을 '가라코오도리'(唐子踊り, 가라코춤)라는 명칭으로 지금도 전승하고 있다. 또한 일본에서 가장 큰 호수인 비와호(琵琶湖) 옆에는 그 당시 조선통신사 일행이 교토에서 도쿄로 향하던 길인 '조선인 가도(朝鮮人街道)'가 지금도 보존되어 있고, 심지어 조선통신사가 단 한번도 방문한 적이 없는 홋카이도에도 전통 갓을 쓴 조선통신사 인형을 제작·판매했다. 그리고 아베 전 총리의 지역구인 야마구치(山口)현 시모노세키에는 '조선통신사 상륙기념비'가 세워져 있고, 히로시마(広島)현 쿠레(呉)시의 작은 섬인 시모카마가리섬(下蒲刈島)에도 '조선통신사 자료관'이 건립되어 있다.

"지금부터 20여 년 전인 1998년 10월에 김대중 대통령과 오부치(小渕) 총리가 '21세기의 새로운 한일 파트너십 공동선언'을 하고, 곧이어 일본문화 개방을 시작했지 않습니까? 그때 저는 그 뉴스를 보면서, 조선과 에도막부가 조선통신사를 통해 문화교류를 활발하게 했던 그러한 시절이 다시 찾아오기를 기대했습니다.

저는 일본에서 한류의 주인공이 되고 있는 한국의 탤런트와 K-POP 아이돌을 '21세기의 신(新) 조선통신사'라고 생각합니다. 조선시대의 조선통신사들은 서예와 시와 그림을 그리는 서예가, 선비, 화공들이 많은 인기를 모았지만, 지금은 연기를 하고 노래를 하는 문화예술인들이 그 역할을 대신하고 있는 것입니다.

일본의 한류는 지난 20여 년 동안 많은 발전을 거듭하고 있고, 지금은 K-POP을 좋아하는 팬들을 중심으로 K-푸드뿐 아니라 K-뷰티와 K-패션까지 활성화되고 있습니다. 저는 미스 아시아 어워드(MISS ASIA AWARDS) 모델대회의 일본측 대표로 활동하고 있기 때문에, 일본의 한류가 K-뷰티산업과 K-패션산업의 발전에도 커다란 기여를 하고 있다는 것을 피부로 느끼고 있습니다.

잘 아시다시피, 2020년과 2021년은 코로나19가 맹위를 떨치던 시기였지 않습니까? 일본은 코로나 펜데믹으로 오랫동안 심혈을 기울여 준비했던 2020 도쿄 올림픽을 1년 연기할 정도로 많은 타격이 있었습니다. 이런 악조건 속에서도 오히려 한류는 일본 내에서 더욱 활성화되고 있답니다.

제1차 한류가 불었던 2000년대 초반에는, 드라마 〈겨울 연가〉가 NHK-TV에서 최종회 시청률이 무려 20%를 돌파하는 열풍을 일으켰죠. 그때는 일본 관객들 백만 명 이상이 영화 〈쉬리(Swiri)〉를 보았고, 또 가수 보아가 오리콘 차트(オリコンチャート) 1위를 했습니다(2001년).

제2차 한류가 한창이던 2010년대에는 한국의 인기 아이돌과 걸그룹인 빅뱅, 소녀시대, 카라 등이 일본 오리콘 차트 1위를 했고, 일본 골드 디스크(ゴールドディスク) 대상을 수상했습니다.

제3차 한류가 불던 2017년에는 한국인과 일본인으로 구성된 걸그룹인 트와이스가 도쿄돔(東京ドーム) 공연을 하면서, 여성 아티스트 최초 5회 연속으로 25만 장의 앨범을 일본 한류 팬들에게 판매했습니다. 그리고 코로나 팬데믹이 한창인 2020년부터 불고 있는 제4차 한

류는 규모가 더욱 다양하고 방대해졌습니다.

그동안의 한류는 주로 K-드라마를 좋아하는 일본의 중장년 여성과 K-POP을 즐기는 일본의 젊은 여성들이 주도했는데, 이번에는 코로나 19 사태 때문에 집에 머무는 시간이 많아진 일본의 40~50대 남성들이 한류를 즐기기 시작한 겁니다. 특히 이들은 K-드라마에 빠져들기 시작했는데 〈사랑의 불시착〉, 〈이태원 클라쓰〉, 〈빈센조〉 같은 드라마에 심취했습니다. 일본 넷플릭스에서 한국과 동시에 방영된 〈빈센조〉는 '오늘 일본의 톱 콘텐츠 1위'에 오르는 기록을 세웠답니다.

2021년 봄에 일본 음악계에서 최고로 권위 있는 시상식인 '제35회 일본 골든디스크 대상'에서 BTS가 8개 부문에서 수상을 하면서 골든디스크 대상 다관왕 기록을 갈아 치울 정도로 기염을 토했습니다. 그리고 미국 아카데미 시상식에서 2020년과 2021년에 영화 〈기생충〉과 〈미나리〉가 연속으로 수상을 하게 되자, 한국 영화를 좋아하는 일본 팬들도 많이 증가했습니다.

또한 JYP엔터테인먼트가 일본 소니뮤직과 함께 출범시킨 9명의 일본인으로 구성된 여성 아이돌그룹 니쥬(Niziu)도, 일본의 제4차 한류에 큰 기여를 했습니다! 니쥬는 일본에서 방영한 오디션 프로그램인 '니지(虹, 무지개) 프로젝트'에서 박진영 씨가 선발한 걸그룹인데, 데뷔 앨범이 일본 오리콘 차트 1위를 차지했으며, 일본 골든디스크 대상에서 3관왕을 수상했습니다. 한류는 동방신기, 카라 같은 한국인 아이돌그룹에서 시작해서 트와이스 같은 한국인과 외국인의 혼성 그룹으로 변화하더니, 이제는 전원 일본인으로 구성된 한국식 아이돌 그룹의 형태로 진화하면서 일본 사회에 저변을 더욱 확대하고 있습니다.

일본은 1964년 도쿄 올림픽과 1970년 오사카 만국박람회를 통해 일본 경제를 한 단계 더 도약시킨 것처럼, 2020 도쿄 올림픽과 〈2025 오사카 간사이 월드 엑스포〉를 통해 일본의 경제와 산업, 관광을 비약적으로 발전시키려고 했습니다. 그러나 코로나 팬데믹으로 인해

2020 도쿄 올림픽이 1년 연기되어 2021년 7월 23일에 개막하지 않았습니까?

그래서 저는 〈2025 오사카 간사이 월드 엑스포〉를 겨냥한 K-Pop 과 일본 문화를 다양하게 콜라보한 프로그램을 개발해서 국내외에 널리 홍보하려고 합니다. 그리고 〈2025 오사카 간사이 월드 엑스포〉를 앞두고 한국인과 중국인을 중심으로 해서 오사카 간사이 지방에 상가와 호텔 투자가 점점 증가하고 있는 실정입니다. 특히 일본의 중앙은행은 제로금리(0%에 가까운 금리)이기 때문에 일본에 부동산을 구매할 때, 저금리로 50% 남짓되는 대출을 받을 수도 있답니다."

1607년에 선조와 도쿠가와 막부가 조선과 일본간에 '문화를 통한 교류와 평화의 물꼬'를 튼 것처럼, 1998년에는 김대중 대통령과 오부치 게이조 총리가 한국과 일본 간에 문화교류의 큰 물길을 다시 열었다. 그후 조선시대에 204년 동안 일본인들에게 많은 감동을 안겨준 조선통신사의 역할을, 지금은 한국의 문화 예술인들이 열심히 수행하

츠루하시역

고 있다.

필자는 ㈜크리에이티브 팜 박상준 대표와 인터뷰를 하면서 디아스
포라를 머릿속에 떠 올렸다. 디아스포라는 본래는 '세계 각지에 흩어
져 사는 유대인들'을 의미했지만, 지금은 전세계에 살고 있는 '700만
명의 해외동포들'을 일컫는 단어가 되었다.

고대 그리스어 디아(dia~, 너머)와 스페로(spero, 씨를 뿌리다)의 합성어
'디아스포라'는 이산(헤어져 흩어짐)을 뜻한다.

현재 세계 각국에서 생활하고 있는 한국의 해외 동포들 중에서 일
본에 거주하고 있는 동포들은 그 의미가 각별하다. 그것은 한반도에
서 일본 열도로 건너간 디아스포라의 역사가 유일하게 2천 년 남짓되
는 유구한 역사를 갖고 있기 때문이다.

일본 열도가 신석기 시대(BC 1만년~BC 4세기)인 조몬시대(繩文時代)를
끝내고, 청동기와 초기 철기시대(BC 4세기~AD 4세기)인 야요이시대(弥生
時代)에 접어들 시기에, 남해안 일대에 살던 많은 가야인들이 선박을
이용해서 일본 열도로 많이 이주했다. 일본 열도에 벼농사, 철기문화,
기마문화 등을 전해준 가야는, 그 당시 왜(倭)와 연합해서 신라를 공
격할 정도로 가까운 사이였다(231년).

나중에 가야가 신라에 망한 후에는 많은 가야인들이 일본으로 집단
이주하기도 했다. 그리고 그들의 일본 이주의 흔적은 일본 열도 곳곳
에 카라쿠니 신사(韓国神社)를 남겼다.

한반도에서 가야가 멸망하고 백제, 고구려, 신라의 삼국이 병립했을
때, 일본 열도로 가장 많이 이주해 간 사람들은 백제인들이었다. 일본
열도에서 야요이 시대가 끝나고 오사카 남부 일대에 엄청나게 큰 고분
이 등장하는 고훈시대(古墳時代, 4세기~7세기)가 지속되던 시기에 일본 최
초의 통일정권인 야마토(大和) 조정이 오사카 남서쪽에 들어선다.

4세기에서 5세기 사이에 성립된 야마토 조정은 백제와 많은 교류를
했다. 백제 제13대 근초고왕(재위 346 ~375년)은 유명한 학자인 왕인(王

仁)을 일본으로 보냈고, 그는 16대 닌토쿠 천황(仁德 天皇: 257?~399)이 왕자였을 때 학문을 가르치는 스승이 된다. 백제 제25대 무령왕은 출생지가 일본 큐슈(九州)의 작은 섬인 가카라시마(加唐島)이다. 또한 제26대 성왕은 552년에 일본에 최초로 불교를 전해주었다. 그리고 제30대 무왕(武王)은 관륵(觀勒) 스님을 통해 천문, 지리, 역법(曆法, 천체의 주기적 운행을 시간 단위로 구분하는 계산법)을 일본 왕실에 전했다. 또한 660년에 백제가 멸망한 이후에는 수많은 백제인들이 오사카 일대로 집단 이주하였다.

일본의 아스카(飛鳥)시대에 많은 문화 교류를 펼친 백제인들은 조선통신사들보다 천여 년 전에 한류를 일으킨 고대의 문화사절단이었다. 그래서 오사카 일대에는 백제주(百済州, 쿠다라슈)라는 행정지명이 있었고, 백제인들이 집단으로 거주하는 마을이었던 북백제촌(北百済村, 기타 쿠다라무라), 남백제촌(南百済村, 미나미쿠다라무라), 백제촌(百済村, 쿠다라무라)이 있었다. 그 유구한 역사는 지금 오사카에도 많은 흔적을 남기고 있는데, 오사카 일대에는 백제천(百済川, 쿠다라가와), 백제대교(百済大橋, 쿠다라오오하시), 백제화물역(百済貨物駅, 쿠다라카모츠에키), 남백제 초등학교(南百済小学校, 미나미쿠다라 쇼오갓코우) 등의 명칭이 지금도 남아 있다.

또한 오사카성 인근의 나니와노미야 궁전(難波宮)에서 백제(百済)라는 글씨가 새겨진 토기가 발견되었고, 매년 〈사천왕사 왓소〉 축제(四天王寺ワッソ, 가야, 백제, 신라, 고구려를 포함하는 도래인들이 한반도에서 오사카로 이주한 것을 축하하는 축제)가 열리는 시텐노지 인근에서는, 백제 여승들의 사찰 유적지에서 백제니(百済尼, 백제 여승)라는 글씨가 선명하게 쓰인 접시와 항아리와 우물터가 발견되기도 했다.

가야인과 백제인과 조선통신사가 2천여 년의 세월 속에서 다양한 문화와 예술과 우정을 켜켜이 쌓아놓은 유서 깊은 도시가 바로 오사카이다. 그래서 박상준 대표가 사명감을 갖고 〈2025 오사카 간사이 월드 엑스포〉를 국내외에 널리 알리기 위한 다양한 문화 프로그램을 준비하고 기획하는 일에 더 많은 애정과 열정을 쏟고 있는지도 모른다.

필자는 일본에서 활동한 지난 5년 동안, 박상준 대표와 함께 도쿄와 오사카에서 다양한 문화 프로그램들을 기획했다. 그 중에서 가장 기억에 남는 일은 오사카시(大阪市) 이쿠노구(生野区)의 후원으로 〈한일 학(鶴) 가요제〉를 개최한 일이다.

필자는 이쿠노구의 여성 구청장을 만났을 때, 이쿠노 구민회관에서 개최하는 가요제의 명칭에 '학(鶴, TSURU)'이란 단어를 넣자는 제안을 했다. 그 이유는 오사카시가 오래 전부터 학과 깊은 인연이 있는 지역이었고, 특히 오사카시 이쿠노구에는 '일본에서 가장 오래된 학의 다리(鶴の橋, 츠루노하시)'의 유적지가 존재하기 때문이었다.

학의 다리는 일본에서 가장 오래된 역사서인 코지키(古事記, 고사기)에도 나오는 유서깊은 유적지이다. 이 다리를 건설한 왕은 '세계 3대

일본 최초의 목조다리, 츠루노하시

忍ぶれど人はそれぞと御津の浦に
渡りそめにし猪甘津の橋

小野小町

츠루노하시에 백학이 날아온 유래 설명비

왕릉' 중 하나인 '닌토쿠 천황릉'(仁德天皇陵, 유네스코 세계문화유산이며, 이집트의 피라미드와 중국의 진시황릉과 함께 세계 3대 왕릉에 포함됨)의 주인인 닌토쿠 천황(일본 제16대 천황, 399년 사망)이다.

그 당시 닌토쿠 천황은 일본의 수도인 오사카의 다카쓰노미야(高津宮) 궁전에 머무르고 있었다. 닌토쿠 천황은 히라노 강(平野川) 주변의 넓은 숲 속에서 멧돼지 사냥을 즐겨했다. 그런데 히라노 강 일대의 저습지가 큰 수해를 입고 많은 피해가 발생하자, 그는 히라노 강 일대에 대규모 수해방지 공사를 시작한다. 그는 흙을 매립하고, 농토를 조성하고, 둑을 쌓는 대규모 토목공사를 진행했다. 그때 히라노 강에 놓인 다리가 바로, '일본 최초의 목조다리'인 학의 다리다.

그후 1,600여 년의 세월이 흐르면서 목조다리는 석조다리로 교체되었고, 또 그 석조다리도 오사카의 근대화 과정에서 사라져버렸다. 그러나 '일본 역사상 최초의 목조다리'였던 츠루노하시(鶴の橋)는, 지금 이쿠노구에서 츠루하시(鶴橋)라는 지명으로 남아 있다.

현재 이쿠노구에서 가장 큰 환승역의 명칭이 바로 '츠루하시역'이고, 그 옆에는 '츠루하시 시장'이 붙어 있고, 또 그 부근에는 '츠루하시 초등학교'와 '츠루하시 중학교'와 '츠루하시 우체국'이 있다.

또한 오사카시에서는 1,600여 년 전에 위치했던 츠루노하시의 존재를 역사적으로 알리는 유적지를 조성하고, 기념비를 세웠다. 그래서 필자는 이쿠노구의 여성 구청장에게 다음과 같이 제안했다.

"우리 한국인들은 전통적으로 '백의 민족'이라는 문화적 자부심을 갖고 있습니다. 그런데 그 '백의 민족의 상징'이 바로, 학(鶴)입니다. 또한 학과 오랜 역사를 갖고 있는 오사카의 츠루하시역 일대에 재일 한국인들이 가장 많이 살고 있고, 또 이곳에 '오사카 최대의 코리아타운'이 위치하고 있습니다. 그래서 저는 학과 관련된 문화를 공유하고 있는 이쿠노구에서 개최되는 이번 가요제의 명칭을 '한일 학(鶴) 가요제'라고 정한다면, 오사카의 시민들과 재일 한국인들의 화합에 큰 도움이 될 것이라고 생각합니다."

이렇게 필자와 박상준 대표는 이쿠노 구청의 전폭적인 지지와 후원을 받게 되었고, 이쿠노 구청장의 축사를 받으면서 천여 명의 오사카

고라쿠엔 야경

시민들과 재일 한국인들의 박수를 받으면서 '한일 학(鶴) 가요제(第1回 韓日TSURU歌謠祭)'를 성대하게 개최할 수 있었다.

일본에서 '백의 민족의 상징'인 백학(白鶴)을 테마로 하는 문화행사는 오사카의 서쪽인 오카야마(岡山)에서도 성공적으로 진행되었다. 한류를 좋아하는 일본인들이 많이 거주하고 있는 오카야마(岡山)는 일본에서도 대단히 살기 좋은 중소도시로 유명하다.

'일본의 에게해(エーゲ海)'로 부르는 세토내해가 남쪽에서 빛나고 있는 오카야마는 일본에서 재해가 적고 햇살이 풍부해서 '일본 최고의 복숭아 산지'로 명성이 높다. 그래서 일본의 동화책에 나오는 유명한 복숭아 동자인 '모모타로(桃太郎)' 이야기의 배경이 오카야마이다. 그런데 필자가 오카야마에서 주목한 것은 '일본의 3대 명원' 중 하나인 고

정준 작가의 오카야마
시 휘트니스센터 수업
포스터

라쿠엔(後樂園)이었다. 고라쿠엔은 백학을 키우는 정원이기 때문이다.

게다가 고라쿠엔은 매년 신년 초에 살아 있는 학을 하늘로 날리는 특별한 행사를 개최하는 정원으로 유명하다. 동아시아에는 매년 연말이나 신년 초에 상대방의 건강과 행운을 기원하는 의미를 담아 백학이 그려진 연하장을 선물하는 문화가 있다. 그런데 오카야마의 고라쿠엔에서는 신년을 맞이하는 모든 분들의 건강과 행운을 기원하는 특별 이벤트로, 백학을 창공으로 날아오르게 하는 이색 행사를 개최한다.

그래서 필자는 백학과 깊은 인연을 갖고 있는 오카야마에서, 필자가 창안한 '학춤건강법'을 발표하는 것이 큰 의미가 있겠다고 생각했다. 또한 오카야마의 시민들에게, 백의 민족의 상징인 학을 사랑하는 한국의 문화도 알려드리고 싶었다.

그래서 필자는 수영장이 딸린 대형 휘트니스 센터인 오카야마의 아크로포트의 초청을 받아, 오카야마 시민들을 대상으로 '학춤건강법' 특강과 강습회를 진행했다.

정준 작가로부터 학춤 건강법 강습을 받는 오카야마시 주부들

오사카 상공회의소는 개소 120주년 기념사업으로, 에도막부 말기와 메이지 유신 초기에 정치적 경제적으로 큰 타격을 입었던 오사카 경제의 재생을 위해 눈부신 공을 세운 고다이 토모아츠의 뜻을 이어받고, 미래의 우수한 기업가들을 육성하고 발전시키기 위해 〈오사카 기업가 정신 뮤지엄〉을 개관했다.

오사카 기업가 정신 뮤지엄의 메인 전시장은 모두 3개이며, 모두 105인의 기업가에 대한 자료들로 구성되어 있다.

오사카 상공회의소(OCCI)에서 운영하는 〈오사카 기업가 정신 뮤지엄〉에 도착하니, 단체로 견학을 온 학생들이 무척 많았다. 필자는 학생들 사이에 줄을 서서 그곳에 전시된 '오사카 기업가 105인'에 관한 자료들을 찬찬히 살펴보았다.

첫 번째는 메이지 유신 초기부터 말기(1868~1912)까지 오사카 경제발전 상황에 대해 전시되어 있다.

두 번째는 다이쇼 천황(天皇)시절부터 제2차 세계대전 이전(1912~1939)까지의 광범위한 오사카 경제의 발전 상황에 대하여 전시되어 있다.

세 번째는 제2차 세계대전이 끝난 이후인 1945년부터 전쟁의 참화를 딛고 새로운 오사카를 건설한 내용들이 전시되어 있다. 그리고 전시장 초입에는 '오사카 기업가 정신의 근원'이라는 영상 자

오사카 산업 창조관 · 오사카 기업가 정신 뮤지엄

료를 통해 관람객들이 오사카의 경제적 환경과 오사카 기업가 정신에 대한 이해를 좀 더 높일 수 있도록 도와주고 있다.

필자는 자료들을 꼼꼼히 읽은 뒤, 오사카 기업가들의 도전정신과 선견지명에 큰 감동을 받았다. 아시아 최초로 개최된〈1970 오사카 만국 박람회〉를 성공시킨 원동력이, 바로 이러한 오사카 기업가 정신이 아닐까?

1970년 3월 14일, 오사카 북쪽의 구릉지대 센리(千里) 언덕 일대는 이른 아침부터 몰려든 인파로 입추의 여지가 없었다.

호기심 가득한 두 눈과 설레는 가슴을 안고 모여든 국내외 관광객들은 시간이 지날수록 더욱 늘어나고 있었다. 승용차와 관광버스들이 이미 넓은 주차장을 가득 메웠고, 센리츄오(千里中央) 역에서 운행되는 모노레일이 반파쿠(万博) 역에 도착할 때마다 연이어 내리는 사람들의 끝없는 행렬이 행사장까지 장사진을 이루었다.

드디어 오전 11시. 히로히토 천왕(1901~1989)의 개막 선언이 드넓은 센리 언덕의 하늘 위로 울려퍼졌고, 수많은 사람들의 지축을 울리는 듯한 함성과 함께 경쾌한 팡파르와 요란한 축포가 동시에 터졌다. 그리고 형형색색의 색종이와 종이학과 오색 테이프와 풍선이 화려한 꽃망울을 활짝 터트린 벚꽃들 위로 힘차게 솟아올랐다.

아시아 최초의 엑스포이며, '엑스포'라는 명칭이 세계 최초로 사용되기 시작한〈1970 오사카 만국 박람회〉가 역사적인 개막식을 시작한 것이다.

필자는 '인류의 진보와 조화'라는 테마 아래 1970년에 약 7달 동안 전세계 77개국의 참가국과 6,422만 명의 방문객을 불러모은 경이로운 현장인 반파쿠 기념공원으로 가기 위해, 미도스지선(御堂筋線, 오사카 메트로 소속 지하철 노선)에 올라탔다.

아시아 최동단에 위치한 일본이 유럽에서 시작된 박람회에 관심을 갖기 시작한 것은 19세기부터였다. 19세기 영국의 런던에서 세계 최초의 엑스포가 개최되었다. 빅토리아 여왕시대인 1851년 수정궁(Crystal Palace)에서 최초로 시작된 박람회는 1855년 파리 박람회, 1862년 런던 박람회, 1867년 파리 박람회, 1873년 오스트리아 빈 박람회, 그리고 1876년 미국 필라델피아 박람회로 점점 발전하고 있었다.

메이지 4년(1871). 일본의 특명전권대사인 이와쿠라도모미 대표가 이끄는 해외사절단이 유럽 각국을 순방했다. 46명의 정부 주요 인사와 43명의 해외 유학생과 18명의 수행원으로 구성된 대규모 해외 사절단은 메이지 6년(1873)에 유럽과 미국을 거쳐 일본으로 귀국했다. 해외사절단은 유럽 각국의 선진문물에 대한 방대한 보고자료를 제출하고, 일본의 발전에 대한 많은 제안을 하였다.

이때 메이지유신(1868)을 단행하고 다양한 근대화 정책을 추진하던 메이지 정부에서는, '메이지유신 10주년'이 되는 1878년에 개최되는 파리 박람회에 적극 참여하기로 결정한다.

일본의 제품들이 유럽의 박물관에 최초로 소개된 것은 1862년 런던 박람회였다. 그후 1867년 파리 올림픽에 일본의 도자기가 본격적으로 소개된다. 당시 출품한 도자기 중 특히 아리타 도자기는 유럽인들에게 열풍을 일으킬 정도로 엄청난 호평을 받았다. 메이지 정부에서는 이러한 경험을 바탕으로, 1878년 파리 박람회에서는 더욱 적극적이고 능동적으로 일본의 문화와 산업을 대대적으로 알린다. 소설 『레 미제라블』의 작가 빅토르 위고를 포함해서 프랑스 최고의 예술가와 석학들까지 모두 참여한 파리 박람회에는, 일본의 유명한 거상인 시미즈우사부로가 일본의 독특한 전통 가옥과 전통 정원과 일본 전통 찻집을 개설하여 수많은 유럽인들로부터 대단히 큰 찬사를 받았다.

1878년 파리 박람회에서 큰 성과를 거둔 메이지 정부에서는 그후 연속해서 1880년 오스트레일리아 멜버른 박람회, 1888년 스페인 바로셀로나 박람회, '에펠탑'이 탄생한 1889년 파리 박람회에 적극 참가한다.

메이지 정부의 이러한 노력 덕분에 유럽 각국에는 자포니즘(Japonism 19세기 중 후반 유럽에서 유행하던 일본풍의 사조를 지칭하는 말) 열풍이 들판의 불길처럼 타올랐다. 특히 자포니즘의 선두에는 고흐, 모네, 세잔느, 드가 등 유럽의 인상파 화가들이 큰 역할을 하였다. 그들은 일본의 화려한 도자기와 이국적인 그림인 우키요에를 매우 좋아했고, 그들의 취향은 프랑스를 중심으로 해서 유럽 각국의 귀족사회에 급격히 전파되었다.

1970년 일본 정부는 '아시아 최초의 박람회'를 오사카에서 개최하게 된다.

오사카 북쪽의 구릉지대인 센리(千里) 언덕 위에 건설된 박람회장에는 모두 330ha의 부지 위에 116개의 전시관이 세워졌다. 이 박람회장의 설계는 단게 켄조(丹下健三, 1913~2005)가 맡았다. '건축계의 노벨상'인 프리츠커 상을 받은 당대 최고의 건축설계가인 단게 켄조는 도쿄 도청사와 도쿄올림픽 주경기장과 히로시마 평화추모공원 설계 공모 당선을 통해 일본 고유의 전통미에 현대의 모더니즘을 절묘하게 결합하는 뛰어난 예술가였다.

특히 오사카 출신인 그는 자신의 고향에서 최초로 개최되는 세계적인 축제를 빛나게 하기 위해 최선을 다했다. 그는 '인류의 진보와 조화'라는 테마와 '인생의 더 큰 즐거움,

보다 나은 생활의 구성, 상호이해 개선을 위하여'라는 소주제를 구현하기 위해, 박람회장을 남쪽의 오락구역과 중앙의 상징구역과 북쪽의 전시구역으로 분류했다. 특히 중앙의 상징구역에는 각종 공연장, 다목적 전시장, 페스티벌을 하는 광장, 편의시설들을 다양하게 배치했다.

또 상징구역의 중앙에는 '1970 오사카 만국 박람회'의 랜드마크인 '태양의 탑'(Tower of the Sun)을 세웠다. 한번 보면 절대 잊어버릴 수 없을 정도로 강렬하고 독특한 형태의 태양의 탑은, '일본의 피카소'로 추앙받던 오카모토타로(1911~1996)가 설계했다. 그는 파리 소르본느 대학 출신으로 일본을 대표하는 아방가르드 화가이자 현대 미술의 선각자였다.

엑스포를 향한 오사카인의 열정과 꿈이 깃든 반파쿠 기념공원 내 태양의 탑

일본의 과거 · 현재 · 미래의 얼굴을 조각한 태양의 탑은 박람회 기간 내내 많은 인기를 끌었다. 태양의 탑 내부는 관광객들이 에스컬레이터를 타고 이동하면서, 지하 지상 옥상에 각각 설치된 인류의 과거 역사와 인류의 현대 문명과 미래 세계의 모습을 구경하도록 조성했다.

당시 일본 정부에서는 오사카 북쪽의 구릉지대에 조성되는 박람회장과 오사카 도심을 좀 더 원활하게 연결하기 위해 대규모 인프라 건설을 아끼지 않았다. 오사카 도심과 50km 떨어진 박람회장 사이에 새로운 위성도시인 스이타(吹田)를 건설하고, 그곳까지 14개의 역을 신설한 지하철 미도스지선을 연결했다. 또한 대중교통망 정비, 공장 이전, 녹지 조성 등의 도시구조개혁을 통해 오사카를 완전히 새롭게 변모시켰다.

이렇게 되자 스이타시 동쪽의 이바라키시(茨木市) · 서쪽의 도요나카시(豊中市) · 북쪽의 미노오시(美濃市)도 함께 개발이 가속화되었고, 오사카는 그야말로 광역지자체로서의 면모를 일신하게 되었다.

아이맥스(IMAX) 영화를 비롯한 일본의 발전된 과학과 예술을 집대성해서 세계인을 위한 축제를 벌였던 '1970 오사카 만국 박람회'는, 국내외에서 6,422만 명이 방문하는 초유의 신기록을 세우는 대성공을 거두었다. 그때의 뜨거운 열기가 아직도 남아 있는 반파쿠 기념공원(万博記念公園)의 정문에 들어서면, 그 당시 120m의 엑스포 탑보다 더 높은 인기를 모았던 태양의 탑이 국내외 관광객들을 반갑게 맞이하고 있다.

반파쿠 기념공원 내에는 국립민족학 박물관, 오사카 일본민예관, 일본 산수의 미학을 즐기며 산보하는 일본 정원(日本庭園)이 세워져 있다. 중앙 출입구 건너편에는 오사카에서 가장 높은 대형 관람차, 오사카 최대의 영화관, 국내외 유명 식당이 모인 레스토랑 거리, 자라(ZARA)와 유니클로와 무인양품(無印良品) 등의 의류매장과 잡화를 파는 쇼핑 가게들이 즐비하게 들어선 대형 쇼핑몰인 '엑스포 시티'가 있다.

반파쿠 기념공원 내에서 '1970오사카 만국 박람회'의 뜨거웠던 열기를 가장 잘 느낄 수 있는 곳은, '엑스포 70파빌리온(EXPO70)'이다.

이 건물은 그 당시 콘서트가 열렸던 음악홀이 있는 철광관이었다. 프랑스 예술가인 프랑수아 바세가 제작한 철로 만든 악기 조각 17작품이 로비에 전시되어 있어, 박람회 기간 동안 7백만 명이 이 건물을 방문했다. 총 2층으로 되어 있는 이 건물 안에는, 오사카 만국박람회 기간 동안 전시되었던 기증 전시품과 새로 만든 모형과 영상 기록물과 다양한 사진들이 현장감 넘치게 구성되어 있다.

일본 음식을 전세계에 알리는
파워 블로거들

HMH의 대표이사 니시무라 켄지

일본인 파워 블로거 100명을 모아 일본 음식을 전세계에 홍보하는 기업의 대표를 만난 것은 필자에게 대단한 행운이었다. 오사카의 다양한 음식들에 대한 종합적인 정보를 제공해 줄 수 있는 적임자가, 바로 이 사람이라는 생각이 들었기 때문이다. 그런데 인터뷰 장소에 나온 사람은 뜻밖에도 형제 두 명이었다.

"저희는 건설업을 하시는 부친으로부터 장인정신에 대해 많은 가르침을 받으며 자랐습니다. 장인정신의 핵심은 본인이 하고 있는 일에 최고의 정성을 다하는 것이었죠.

부친께서는 언제나 '눈에 보이는 것만 신경을 쓰는 것이 아니라, 눈에 보이지 않는 작고 세밀한 부분까지도 꼼꼼하게 마무리지어야 한다'고 말씀하셨습니다. 또 그렇게 '완벽하게 일을 처리하기 위해서는 온 정성을 다해서 업무를 마무리지어야 한다'고 가르쳐 주셨습니다.

저희는 부친의 영향으로 부동산업에 함께 종사하게 되었습니다. 형님은 지금도 부동산업을 하고 계시고, 저는 부동산업을 그만두고 음식 파워 블로거들을 관리하고 홍보하는 일을 하고 있습니다.

인간이 생활을 유지하기 위해 가장 기본적으로 필요한 것이 의식주

아닙니까? 어린시
절부터 집안 환경
탓에 건축일을 자
주 접했기 때문에
자연스럽게 집이나
건물에 큰 관심을
갖게 되었죠. 그런
데 저는 부동산 일
을 하면서도 다양

한 맛집을 찾아다니는 것을 무척 좋아했습니다. 남들이 잘 모르는 맛
집을 제가 스스로 찾아내서 맛있는 음식을 먹으면 재미있기도 했고,
또 엄청 즐거웠습니다.

어느 날, 저는 '제 마음을 행복하게 만들어 주는 이 일을 좀 더 많은
사람들과 공유하고 싶다'는 생각이 들었습니다. 그래서 부동산 사업
을 할 때 고객들과 부동산 매물들을 인터넷을 통해 서로 연결하고 관
리하던 경험을 살려서, 음식 파워 블로거들을 관리하고 홍보하는 일
을 시작하게 되었습니다."

무엇보다도 오사카는 일본의 오랜 수도였던 아스카, 나라, 교토로
온갖 농수산물과 공산품을 공급하던 물류의 중심지였습니다. 게다가
한때는 오사카도 일본의 수도였던 적이 있습니다. 오사카는 드넓은
들판과 강과 바다를 모두 끼고 있기 때문에, 문자 그대로 '천하의 물
자가 모두 모이는 부엌(天下の台所, 텐카노다이도코로)'이 되기에 굉장히 좋
은 조건을 갖고 있었죠. 또한 오사카는 입지 조건이 좋은 천혜의 항구
입니다. 비행기를 타고 간사이 국제공항으로 올 때 하늘에서 아래를
내려다보면 왼쪽에 큰 섬이 보입니다. 그 섬의 이름은 아와지(淡路)섬
인데, 오사카만으로 밀려오는 높은 파도를 막아주는 자연 방파제 역
할을 합니다. 이처럼 오사카는 오사카만을 끼고 있는 천혜의 항구이

면서 일본의 수도로 직접 연결되는 관문이었기 때문에, 고대부터 해외 교류가 빈번했습니다.

그래서 오사카는 일본 고유의 요리는 물론이고 해외 교류를 통해 들어온 다양한 요리들이 함께 발전하는 세계적인 식도락의 도시가 된 것입니다."

인간의 기본적인 의식주 생활에서 식(食)이 차지하는 비중은 정대적으로 높다. 특히 정갈하고 화려하면서 계절성을 잘 반영하는 것으로 널리 알려진 특유의 음식문화를 갖고 있는 일본인들이 음식을 바라보는 시각은 남다르다. 일본에는 음식 기념일협회가 있는데 이 협회에서 지정한 음식의 날이 1년에 20개가 넘는다.

카레의 날(1월 22일), 김밥의 날(2월 3일), 잡곡의 날(3월 9일), 강낭콩의 날(4월 3일), 미역의 날(5월 5일), 화과자의 날(6월 16일), 우동의 날(7월 2일), 소면의 날(7월 7일), 에키벤(기차역에서 파는 도시락)의 날(7월 16일), 즉석라면의 날(8월 25일), 톳(ヒジキ, 해조류의 일종)의 날(9월 15일), 커피의 날(10월 1일), 버섯의 날(10월 15일), 스시의 날(11월 1일), 다시마의 날(11월 15일), 회전초밥 기념일(11월 22일), 미소(味噌, 된장)의 날(12월 30일) 등등……. 그야말로 1월부터 12월까지 음식 기념일이 들어가지 않는 달이 없다.

게다가 일본은 음식 관련 축일(祝日)이 들어간 세시풍속(歲時風俗, 해마다 일정한 시기에 되풀이하여 행해 온 고유의 풍속)이 많이 있다. 한 해를 마감하는 12월 31일(大晦日, 오오미소카)에는 토시코시소바(年越しそば, 운수대통과 신년의 행운을 빌기 위한 의식으로 메밀국수를 먹는다. '1년 동안의 액운을 끊어낸다'라는 의미가 담겨 있다.)를 먹고 NHK-TV의 유명한 프로그램인 홍백가합전(紅白歌合戰, NHK가 매년 12월 31일에 방송하고 있는 대항 형식의 음악 프로그램)을 시청하고 잠자리에 든다.

그리고 새해 첫날인 1월 1일에는 오세치요리(おせち料理, 일본에서 명절 때 먹는 특별 요리)를 먹는데, 여기에는 새해를 맞이하는 많은 의미가 담

커피의 날(10월 1일)

겨 있다. 오세치 요리는 찬합(饌盒, 층이 포갤 수 있는 서너 개의 그릇을 한 벌로 하여 만든 음식 그릇)에 담는데, 그 이유는 새해에는 좋은 일들이 층층이 겹쳐서 생기기를 바란다는 의미가 있기 때문이다.

찬합 속의 오세치요리에는 '액을 막고 장수'를 뜻하는 검은 콩(黑豆), '건강하게 오래도록 일한다'는 뜻을 가진 새우(蝦), '구멍이 숭숭뚫린 곳으로 미래를 잘 살펴라'는 뜻을 가진 연근, '자손의 번창'을 기원하는 의미인 청어알 등이 들어간다.

1월 7일에는 7가지 야채죽을 먹는 풍습이 있고, 1월 11일에는 신에게 떡을 바치는 풍습이 있다. 2월 3일에는 에호마키(두껍게 만 김밥)를 운이 들어오는 방향을 향해 앉아서 먹는 풍습이 있고, 11월 15일에는 시치고산(七五三, 아이들 성장의 축하하기 위해 신사나 절에 가서 참배를 하는 행사)이라 하여 치토세아메(홍백색의 엿)라는 길쭉한 사탕을 먹는 풍습이 있다.

또한 일본에는 음식을 소재로 한 책이나 만화가 큰 인기를 얻은 경우가 꽤 많다. 그 중에는『우동 한 그릇(一杯のかけそば)』,『미스터 초밥왕(将太の寿司)』,『신의 물방울(神の雫)』,『심야식당(深夜食堂)』,『고독한 미식가(孤独のグルメ)』,『라면요리왕』등이 있다. 특히 일본의 유명한 음식

드라마인 〈고독한 미식가〉는 한국에서 6월 8일에 '전주편'이 방송되었고, 6월 15일에는 '서울편'이 방송되었다.

현재 일본에서 7번째 시즌을 방송 중인 〈고독한 미식가〉는 주인공인 마쓰시게 유타카(松重豊)가 한국의 발라드 가수 성시경과 함께 서울의 돼지갈비집을 취재하고, 또 아이돌 그룹인 쥬얼리 출신의 가수 박정아와 함께 전주의 비빔밥집을 취재하여 일본뿐 아니라 한국에서도 더욱 유명해졌다.

오사카가 원조인 음식들 중에는 오코노미야키(お好み?き)와 쿠시카츠(串カツ)가 있다. 오코노미야키는 존대와 겸양을 나타내는 お(오)와 좋아하는 것을 뜻하는 好み(코노미)와 구운음식을 뜻하는 焼き(야키)를 합친 단어이다. 쿠시카츠(串カツ)는 '꼬치에 끼우다'는 의미를 가진 음식으로 오사카의 노동자들이 즐겨먹던 음식이다. 오사카에서 구할 수 있는 다양한 해산물 · 고기 · 채소에 튀김옷과 밀가루를 입혀서 기름에 튀긴 음식이다. 오사카에는 외국에서 들어와서 일본화된 음식들도 많이 있다. 유럽의 영향을 받은 음식으로는 카레 · 돈가스 · 카스테라 · 덴뿌라(天ぷら, 튀김) 등이 있고, 한국의 영향을 받은 것은 야키니쿠(焼肉, 불고기)와 호루몬야키(ホルモン焼き, 곱창구이)와 김치가 있다.

"지금까지는 저는 음식 파워 블로거들을 일본 연예인들과 연결시키고, TV 음식 관련 프로그램에도 출연시키고, 또 요리책을 출간하도록 도와주는 일들을 많이 했습니다. 그런데 금년부터는 한국과 관련된 일들도 준비하고 있습니다.

제가 관리하고 있는 파워 블로거들 중에서 한국의 드라마나 K-POP이나 한국의 뷰티나 패션 쪽을 좋아하는 분들이 꽤 많이 있습니다. 그래서 제가 매년 20명씩 선발해서 한국으로 건너가 한국의 음식, 뷰티, 패션에 관한 내용들을 취재해서 한류를 좋아하는 일본인들에게 다양한 정보를 제공하는 프로그램을 기획하고 있습니다."

"제 동생은 중학교 때부터 밴드활동을 한 뮤지션입니다. 그리고 종이가 아닌 옷감 위에 그림을 그리는 특별한 재능도 가지고 있답니다. 그래서 저는 문화와 예술을 좋아하는 동생이 K-POP과 음식을 통한 한일문화 교류프로그램을 잘 진행할 걸로 기대하고 있습니다. 그리고 저도 동생이 하는 일을 적극 후원할 예정입니다.

저는 예술적인 재능을 많이 갖고 있는 동생이 지금 추진하고 있는 음식 파워블로거들에 관한 사업도 적극 응원하고 있고, 향후에 진행할 한일 음식 문화교류 프로그램도 가능한 한 적극 후원할 생각입니다. 그리고 저는 제 본업인 부동산을 통한 한일 경제 교류에도 열심히 매진하려고 합니다. 한국과 일본은 동일시간대를 사용하고 있고 지리적으로도 가장 가까운 이웃 나라이기 때문에, 오랫동안 상호투자와 경제적 교류가 아주 많았습니다.

특히 〈2025 오사카 간사이 월드 엑스포〉를 앞두고 일본으로 취업이나 유학이나 직접 투자를 하기 위해 방문하는 한국인들이 최근에 많이 증가하고 있는 상황입니다. 그 중에서도 오사카는 '일본 내 해외 관광객 증가 1위 도시'가 될 정도로, 한국, 중국, 대만, 태국인들의 오사카 방문이 빈번한 도시입니다. 그러다 보니 해외관광객들을 겨냥한 창업, 게스트하우스 운영, 오피스 임대, 호텔 운영을 하기 위해 오사카에 투자하는 한국인과 중국인들이 많이 늘어나고 있습니다. 또 오사카는 일본에서도 재일 한국인들이 가장 많이 거주하는 지역이고, 또 도쿄와 더불어 유일하게 코리아타운이 있는 곳이기 때문에 오사카에 부동산 투자를 하겠다는 문의가 많이 오고 있습니다.

향후에 오사카, 교토, 고베, 와카야마(和歌山)가 있는 간사이 지방에서 가장 중요한 경제적인 빅 이벤트는 무엇보다도 〈2025 오사카 간사이 월드 엑스포〉라고 할 수 있습니다.

오사카는 이웃하는 도시인 고베, 교토와 함께 '케이한신(京阪神) 대도시권'을 형성하고 있는데, 이것은 인구 2천만 명이 살고 있는 세계 10위권의 대도시권입니다. 이처럼 오사카는 간사이 지방 최대의 상업과 관광의 중심도시일 뿐 아니라, 웬만한 국가의 경제력을 능가하는 파워를 갖고 있습니다. 그래서 저는 이러한 무한한 발전 가능성을 보고 오사카에 투자하거나 이주하려는 외국인들을 위한 좋은 길잡이가 되려고 합니다."

필자는 두 형제와 인터뷰를 마치고 숙소로 돌아가는 길에 도심 곳곳에 붙어 있는 〈2025 오사카 간사이 월드 엑스포〉 포스터와 깃발을 보면서, 오사카가 세계인들과 함께 도약하는 번영의 땅으로 발전하는 모습을 다시 한번 느낄 수 있었다.

오사카 음식 파워 블로거 백 명이 함께 뭉친 이유는?

파워 블로거들은 한 사람 한 사람이 모두 다 자존심이 대단한 사람들인데, 어떻게 해서 백 명이나 되는 파워 블로거들을 함께 모이게 만들었을까?

필자는 음식 파워 블로거들 백 명이 함께 모였다는 사실 자체가 경이로웠다.

"모두 일본 음식에 대한 깊은 애정과 높은 자긍심 때문입니다. 저희들은 '쿠이 다오레'(食い倒れ, 먹다가 죽는다)라는 말이 있을 정도로 음식이 다양한 '천하의 부엌(天下の台所)'인 오사카에 사는 사람들입니다. 그러다 보니 오사카 음식은 물론이고 일본 음식문화에 대한 폭넓은 식견과 깊은 철학을 갖고 있습니다.

무엇보다도 저희들은 음식을 먹는 것을 엄청 즐거워합니다. 그래서 일본 음식이 갖고 있는 탁월한 계절감각, 독특한 미각, 종류의 다양성, 뛰어난 맛에 관한 재미있는 이야기를 전세계 사람들에게 알려주고 싶은 강한 욕구를 갖고 있습니다. 이런 일을 파워블로거 한 사람이 하는 것보다는 백 명의 파워블로거들이 함께 진행하면, 시너지 효과가 더욱 크게 될 것 아닙니까? 그래서 저희들은 함께 뭉치기로한 겁니다. 한 사람의 힘보다는 백 사람의 모인 힘이 훨씬 더 클 거니까요."

필자는 큰 목표를 달성하기 위해 이렇게 단합할 수 있는 힘이, 오사카 상인의 혼을 더욱 크게 발전시키는 원동력이라는 생각이 들었다.

홈페이지 : https://www.h-m-h.com/

파워 블로거 사이트 : https://www.h-m-h.com/talent/

에필로그

"미래를 준비하는 사람에겐 희망이 있다."

2019년 4월 30일.

그 해 일본의 골든 위크(4월 27일~5월 6일)는 유달리 희망차고 즐겁게 진행되고 있었다.

지난 30년 동안(1989년~2019년) 제125대 천황(天皇, 텐노)으로 재임했던 85세의 아키히토(明仁) 천황이 4월 30일에 퇴위하고, 그 다음 날부터 제126대 나루히토(德仁) 천황이 즉위하면서 일본의 연호가 헤이세이(平成)에서 레이와(令和)로 새롭게 바뀌기 때문이었다.

그래서 일본의 각 지역에는 새롭게 시작하는 레이와 시대를 환영하는 현수막이 즐비하게 걸렸다.

"고마워요! 헤이세이."

"어서와요! 레이와."

일본에서 가장 높은 전파탑인 도쿄 스카이트리(높이 634m) 전망대는 자정이 넘는 시간까지 국내외 관광객들의 출입을 개방했고, 도쿄의 시부야와 홋카이도의 시계탑 광장과 오사카의 도톤보리를 비롯한 주요 관광명소에서는 수많은 일본인들과 외국인 관광객들이 함께 모여 '레이와 카운트 다운'을 한 목소리로 외치고 있었다.

서기 645년에 고토쿠 천황(孝德 天皇)이 최초의 연호인 '다이카(大化)'를 사용한 이후 247개의 연호들은 그동안 중국의 고대 인문서에 나오는 유명한 구절에서 차용했다.

그런데 이번에는 고대 일본의 만요슈(万葉集) 제5권 '매화의 노래' 32수의 서문에 등장하는 '초춘영월 기숙풍화(初春令月 気淑風和)에서 레이(令)와 와(和) 두 글자를 따왔다.

그래서 2019년 봄이 되자 전국의 일본인들은 헤이세이 시대를 마감하는 마지막 벚꽃놀이를 즐겼고, 또 새로운 희망 속에서 레이와 시대가 시작되는 5월의 첫날을 학수고대하고 있었다.

특히 2019년 6월에는 오사카에서 G20 정상회의를 개최하였고 또 프랑스의 쿠베르탱 남작이 세계평화를 기원하며 고안한 〈오륜기 게양 100주년이 되는 뜻깊은 2020년에 도쿄 올림픽이 성대한 막을 올릴 계획이었다.

그래서 수많은 일본인들은 2019년 5월 1일부터 일본 열도 전체에 초춘영월(初春令月, 이른 봄의 아름다운 달밤)에, 기숙풍화(気淑風和, 맑은 공기와 온화한 바람)가 가득한 풍요롭고 희망찬 세상이 찾아오기를 한마음으로 기대하고 있었다.

그러나 2019년 겨울에 강추위와 함께 느닷없이 찾아온 코로나19 사태는 세계적인 대유행을 일으켰고, 온 지구촌의 평화로운 일상을 순식간에 정지시키고 말았다.

결국 전세계에 거세게 휘몰아친 코로나19 태풍은 수많은 확진자와 사망자들을 만들면서, 2020 도쿄올림픽을 1년 연기시켰고 심각한 코로나 불황을 야기시켰다. 게다가 2020년 2월에 발발한 우크라이나 전쟁과 2023년 2월에 발생한 튀르키예와 시리아 대지진은 세계적인 경제난을 더욱 심화시켰다.

"지진이 일어난 곳에도 꽃은 다시 피고,

태풍이 지나간 자리에도 싹은 다시 돋아난다!"

그러나 이런 미증유의 재난 속에서도 미래를 위한 희망을 준비하고 있는 사람들이 있다. 그들은 바로 〈2025 오사카 간사이 월드 엑스포(EXPO2025 大阪·関西万博)〉를 준비하고 있는 사람들이다.

코로나 팬데믹과 코로나 불경기를 극복한 인류의 미래를 보여줄 〈2025 오사카 간사이 월드 엑스포〉의 주제는 바로, 〈미래의 생명을 위한 디자인(Designing Future Society For Our Lives)〉이다.

특히 코로나19 사태 이후 인류의 건강과 의료와 장수에 대한 관심이 더욱 커진 지금, 〈2025 오사카 간사이 월드 엑스포〉는 고령화 시대의 건강, 장수, 의료에 대한 비전을 제시하고, 또한 세계적인 최첨단의 경제, 산업, 문화, 과학 엑스포를 통해 침체된 세계경제를 한 단계 더 도약시키는 AI와 로봇산업과 전기자동차의 미래비전도 제시할 준비를 하고 있다.

2025년 4월 13일~10월 13일까지 6개월 동안 오사카의 인공섬인 유메시마(夢洲)에서 개최되는 〈2025 오사카 간사이 월드 엑스포〉는 코로나 팬데믹으로 지쳐 있는 인류에게 새로운 활력과 희망을 불어넣을 것이다.

나가사키(長崎)에서 시작해서 히로시마(広島), 오카야마(岡山), 나고야(名古屋), 도쿄(東京) 취재를 모두 마치고 다시 돌아온 늦봄의 오사카(大阪)는 어김없이 황홀한 불야성을 이루고 있었다. 그리고 도톤보리 운하에는 큰 소리로 환호를 터뜨리는 관광객들을 가득 태운 크루즈가, 네온사인의 휘황찬란한 불빛이 무지개처럼 일렁거리는 강물을 시원하게 가르며 질주하고 있고, 도톤보리의 하늘 위로 수많은 관광객들의 꿈이 풍등처럼 두둥실 솟아올랐다. 그리고 그 수많은 꿈들 사이로

도톤보리 운하의 여름 뱃놀이 이벤트

오사카 상인들의 아름다운 꿈도 함께 날아오른다.

"신은 자연을 만들고 인간은 도시를 만들었다"

우리들은 자연의 빼어난 풍광을 즐기기 위해 여행을 떠난다. 그러나 그 풍광이 진정 아름다울 수 있는 것은 그 풍광을 바라보는 인간이 있기 때문이고, 그 풍광 속에 인간의 다양한 이야기가 들어 있기 때문이다.

오사카는 비와호(琵琶湖)에서 발원한 아름다운 요도가와(淀川)가 오사카 만의 드넓은 바다로 흘러드는 풍광이 수려한 하류지대에 오사카 상인들이 건설한 장엄한 도시이다. 그동안 오사카는 수많은 수난과 역경을 겪어야 했다. 그러나 오사카의 위대한 상인들은 오사카가 그러한 고통들을 극복하고 이겨내는 데 언제나 앞장섰다.

도쿠가와 이에야스가 오사카 성을 불태우고 오사카 성 일대를 폐허로 만들고 수도마저 에도로 옮겨갔을 때 오사카 상인들의 심정은 어땠을까. 삶의 터전이 뜨거운 화염으로 불태워진 엄청난 상실감을 뒤로 한 채, 오사카를 '천하의 부엌(天下の台所)'으로 만들기 위해 와신상담하면서 고군분투한 오사카 상인들의 이야기는 숭고하기까지 했다.

제2차 세계대전 기간 동안 미군의 공습으로 초토화된 오사카의 폐허 속에서 오사카 시민들이 일상적인 삶을 회복시키기 위해 시장을 다시 열고, 가게를 수리하고, 상권을 다시 일으키기 위해 불철주야로 동분서주한 이야기들은 너무도 눈물겹다.

그러한 이유 때문에 필자가 만난 오사카 상인들과 기업인들은 '오사카 상인'이라는 자부심이 실로 대단했다. 그런데 그들은 단순히 자부심만 강한 사람들이 아니었다. 그들은 언제나 세계를 향해 열린 마음으로 살고 있는 매우 진취적이고 선구자적인 기질을 갖고 있는 사람들이었다.

그들은 오사카가 지금처럼 발전하고 있는 바탕에는 '수천 년 동안 지속된 해외 각국과의 부단한 교류가 큰 힘이 되었다'고 말했다. 고대에는 지리적으로 가장 가까운 이웃인 한국, 중국, 동남아시아와 지속된 수많은 경제 문화 교류들. 중세와 근대에는 포르투갈, 스페인, 네덜란드를 비롯한 유럽 각국과의 다양한 교류들. 그리고 현대에는 세계 각국과의 수많은 교류들이 오사카의 지속가능한 발전에 긍정적인 기여를 하고 있다는 사실을 잘 알고 있었다.

전세계에서 온 수많은 관광객들이 오사카에서 즐겨 먹는 음식들인 라멘, 샤브샤브, 카레라이스, 야키니쿠(불고기), 호루몬야키(곱창구이), 타코야키 등은 외국에서 유래된 음식들이다.

예를 들면 타코야키의 경우, 덴마크의 에블레스키버(Aebleskiver)에서 유래를 찾아볼 수 있다. 타코야키에는 가쓰오부스와 문어를 넣고, 에블레스키버에는 잼을 넣는다는 점을 제외하고는 두 음식이 매우 유사하다. 이것들은 메이지 유신 이후 일본화된 음식으로 추정되고 있다.

외국에서 유래된 수많은 음식들을 오사카의 솜씨좋은 음식 장인들은 수많은 연구와 실험을 통해 해외 관광객들을 매료시키는 오사카 음식으로 재탄생시켰다. 그래서 오사카의 상인들은 해외에서 '먹다가 죽으러 온 관광객들(?)'에게 오사카의 명물 음식인 쿠시카츠 · 타코야키 · 오코노미야키 · 우동 · 스시 · 사시미 · 와규 등을 가장 맛있게 요리해서 제공한다. 나아가 해외의 다양한 음식들에 대해서도 끊임없이 관심을 기울이고 있다.

오사카의 기업가들은 해외의 좋은 문화, 예술, 산업, 사회제도 등에도 많은 관심을 갖고 있었다. 그들은 오사카의 항구와 공항과 인터넷을 통해 세계 각국 사람들과 열심히 커뮤니케이션을 하고 있었고, 좋은 것은 언제나 수용하려고 하는 오픈마인드를 갖고 있었다.

특히 최근에는 오사카와 간사이 지방의 경제 부흥을 도모하기 위해 〈오사카 사카이(堺) 모즈 고분군(百舌鳥古墳)의 유네스코 세계문화유산

등재〉, 〈2025 오사카 간사이 월드 엑스포〉 등으로 인해, 오사카 간사이 기업인들은 강력한 의지와 뜨거운 열기로 새로운 도약과 비상을 준비하고 있었다.

그들은 코로나 팬데믹의 불경기와 우크라이나 전쟁과 튀르키예 & 시리아 대지진 속에서도, 이미 붕정만리(鵬程萬里, 장자의 소유편에 나오는 전설의 새 붕새가 만리를 날아간다는 의미)의 원대한 꿈의 여정을 생각하고 있었다. 그것은 오사카를 단순히 일본 간사이 지방의 중심 도시가 아니라, '세계적인 관광, 쇼핑, 엔터테인먼트의 허브도시로 만들겠다'는 원대한 비전이다.

오사카와 간사이 지방의 기업인들은 미래로 도약하고 비상하는 붕정만리의 원대한 꿈의 여정을 떠나기 위해, 일본의 전설적인 검객인 미야모토 무사시(宮本武蔵, 1584~1645)가 오륜서(五輪書)에서 언급한 것과 같은 치밀한 진검승부를 착실하게 준비하고 있다.

이미 그들은 땅과 같은 탄탄한 기초 위에, 물과 같은 유연한 지혜와 불과 같은 역동적인 추진력, 바람과 같은 자유로운 창의력과, 하늘과 같은 높은 비전으로 무장한 미야모토 무사시처럼, 탄탄한 내공과 탁월한 외공을 겸비하고 있었다.

특히 필자는 오사카의 최남단에서 최북단에 이르는 광범위한 지역에서 '오사카 최고의 인기를 누리고 있는 유명 가게'들을 운영하고 있는 대표들 수십 명과 지난 5년간 인터뷰를 진행했다. 그리고 그들 중 21명을 엄선해서 이번에 지면을 통해 소개하게 되었다.

필자는 그들과 인터뷰를 진행하면서 오사카 기업인들의 뜨거운 열정, 진취적인 기상, 번뜩이는 아이디어, 과감한 추진력, 개척정신. 불굴의 투혼에 감동했으며, 이러한 정신으로 준비하고 있는 〈2025 오사카 간사이 월드 엑스포〉가 인류의 미래에 새로운 이정표를 세우게 될 것이라는 강한 기대를 갖게 되었다.

이번에 필자와 만나서 오사카 기업가들의 내밀하고 진솔한 이야기

〈2025 오사카 간사이 월드 엑스포〉 포스터

를 진정성있게 들려주신 많은 대표님들에게 지면을 통해 심심한 감사의 인사를 드린다. 또한 이번 오사카 상인과 기업가들에 대한 취재와 답사와 출간을 위해 필자와 동행하면서 많은 도움과 크나큰 호의를 베풀어준 '일본 K-POP시장의 개척자' ㈜크리에이티브 팜 박상준 대표에게도 다시 한 번 감사의 인사를 보낸다.

마지막으로 사카이 일대 답사와 취재를 위해 비가 오는 궂은 날씨에도 불구하고 많은 노고를 아끼지 않으신 민단 사카이지부 오시중 위원장님과, 일본어 자료 번역과 현지답사와 통역을 위해 많은 도움을 준 한국인과 일본인과 재일교포 스텝들에게도 감사의 인사를 전한다.

원고 작업에 도움을 준 일본국립대학(島根大學)에 재학중인 남승희 양과, 일본어를 전공하고 도쿄에서 관광 업무를 경험한 구자연 양의

노고에도 감사의 인사를 전하고, 또한 아름다운 오사카 글리코맨(グリコマン)의 그림을 사용하게 기꺼이 도와주신 김주희 화가에게도 감사의 인사를 전하면서, 수많은 사람들의 땀과 눈물과 노력으로 탄생한 이 책이 독자 여러분들에게 또 다른 꿈의 원천이 되기를 기원 드린다.

특히 이 책이 코로나 불경기와 우크라이나 전쟁과 튀르키예 & 시리아 대지진으로 인한 길고 긴 경제 한파를 힘겹게 견디고 있는 수많은 자영업자와 소상공인과 스타트업을 비롯한 기업인들은 물론이고, 새로운 창업과 취업을 꿈꾸는 많은 분들에게 성공을 위한 영감을 선

5년 동안 일본 전역을 취재 답사하느라 너덜너덜해진 여행 가방

물하게 되기를 두 손모아 기도 드린다.

　그리고 필자가 코로나 팬데믹과 우크라이나 전쟁으로 힘들어하는 많은 사람들에게 중격마의 정신(중도에서 꺾이지 않는 불굴의 투혼)인, 뉴욕 양키스 감독이었던 요기베라의 명언 '끝날 때까지 끝난 게 아니다'를 테마로 작사하고 직접 열창한 댄스트롯 〈홈런 인생〉을 마지막으로 소개 드린다.

2024년 봄
〈2025 오사카 간사이 월드 엑스포〉를 기다리며
정준 作家

홈런인생

세상살이 힘들더냐 (하모~) 한약보다 쓰더냐 (하모~)

억수장마 쏟아지고 비바람에 천둥치더냐 (하모 하모!)

가슴이 아파 마구마구 눈물날 땐

야구장에 한 번 다녀가거라 (으싸 으싸!)

새하얀 배트가 까맣게 멍이 들었다 (허이!)

새하얀 배트가 까맣게 멍이 들었다 (허이!)

세상 힘들고 인생 외롭단다 (으싸 으싸!)

아무리 힘들어도 한 방 있잖아 (한 방~!)

절대로 포기 말아라

끝날때까지 끝난 게 아니야

9회 말 2아웃 홈런이 있잖아

끝날때까지 끝난 게 아니야

9회 말 2아웃 홈런이 있잖아 (홈런~)

인생살이 괴롭더냐 (하모~) 소태보다 쓰더냐 (하모~)

북풍한설 몰아치고 눈보라에 번개치더냐 (하모 하모!)

가슴이 아파 자꾸자꾸 눈물날 땐

야구장에 한번 다녀가거라 (으싸 으싸!)

새하얀 글로브가 (허이!) 까맣게 멍이 들었다 (허이!)

세상 힘들고 인생 외롭단다 (으싸 으싸!)

아무리 힘들어도 한 방 있잖아 (하!)

아무리 힘들어도 한 방 있잖아 (한 방~!)

절대로 포기 말아라

끝날때까지 끝난 게 아니야

"행운의 홈런을 기원하는 대박 노래!"

홈런인생
(코로나 19 ver.)

작사: 정준   작곡: 김인효   편곡: 김인효   노래: 독고 탁

홈런인생 유튜브 캡처(https://youtu.be/2_s-E4zYtnE)

내 인생 마지막 홈런이 있잖아

끝날때까지 끝난 게 아니야

내 인생 마지막 홈런이 있잖아 (홈런~!)

끝날때까지 끝난 게 아니야

내 인생 마지막 홈런이 있잖아

홈.런.인.생